myBook+

Ein neues Leseerlebnis

Lesen Sie Ihr Buch online im Browser – geräteunabhängig und ohne Download!

Und so einfach geht's:

– Gehen Sie auf **https://mybookplus.de**, registrieren Sie sich und geben Sie
   Ihren Buchcode ein, um auf die Online-Version Ihres Buches zugreifen zu können
– **Ihren individuellen Buchcode finden Sie am Buchende**

Wir wünschen Ihnen viel Spaß mit myBook+!

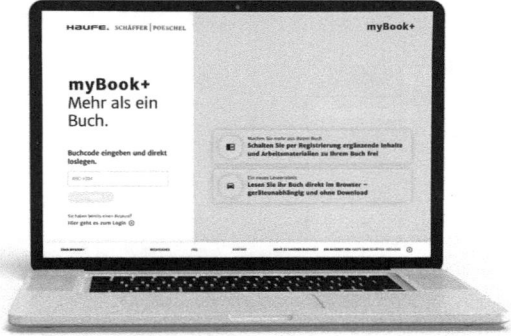

Weil Erfolg nicht das ist, was du denkst

Monika Sattler

Weil Erfolg nicht das ist, was du denkst

Die 6 Schlüsselfaktoren für Mut, Mindset und Motivation

1. Auflage

Haufe Group
Freiburg · München · Stuttgart

Bibliografische Information der Deutschen Nationalbibliothek

Die Deutsche Nationalbibliothek verzeichnet diese Publikation in der Deutschen Nationalbibliografie; detaillierte bibliografische Daten sind im Internet über http://dnb.dnb.de/ abrufbar.

Print:	ISBN 978-3-648-18198-0	Bestell-Nr. 12106-0001
ePub:	ISBN 978-3-648-18199-7	Bestell-Nr. 12106-0100
ePDF:	ISBN 978-3-648-18200-0	Bestell-Nr. 12106-0150

Monika Sattler
Weil Erfolg nicht das ist, was du denkst
1. Auflage, Erscheinungstermin

© 2024 Haufe-Lexware GmbH & Co. KG, Freiburg
www.haufe.de
info@haufe.de

Bildnachweis (Cover): © Björn Sum

Produktmanagement: Dr. Bernhard Landkammer
Lektorat: Juliane Sowah

Inhaltsverzeichnis

Vorwort

Wir leben in einer Gesellschaft, die so erfolgsorientiert ist, dass wir eigentlich gar nicht darauf schauen, ob der Mensch dahinter glücklich ist. Es gibt Tausende von Erfolgsbüchern, die einem die Formel geben, wie man mehr Einfluss erhält, Instagram Follower bekommt und mehr Geld verdient. Aber wenn man das erreicht hat, ist man zwar in irgendjemandes Definition erfolgreich, aber nicht unbedingt glücklich und erfüllt.

Das habe ich bei einem dreißigjährigen Millionär festgestellt, der plötzlich viel Geld hatte, aber keine Erfüllung. Er sah den Sinn des Lebens nicht mehr und tatsächlich war er sehr depressiv. Er hat in seinen Zwanzigern Erfolg mit Reichtum gleichgesetzt und durch das Pokern ist er auch zu seinem Ziel, dem Reichtum, gekommen. Aber irgendwann hat er gemerkt, wie unerfüllt das Glücksspiel ist und es machte sich Leere in seinem Leben breit. Und das mit 30 Jahren! Das ist ein Extrembeispiel, aber die Tendenz besteht, dass Menschen sich nicht mehr mit dem auseinandersetzen, was Erfolg definiert beziehungsweise definieren sollte, um nachhaltig für Glück oder zumindest Zufriedenheit zu sorgen: die Person selbst.

Social Media hat leider nicht den besten Einfluss auf diesen Trend, dass Erfolg mit oberflächlichen Dingen wie Geld, Status und Instagram Followern gleichgesetzt wird. Zudem müssen wir heutzutage immer leistungsfähiger und »busier« sein. Gleichzeitig leben wir in einer zunehmend digitalen Welt, in der wir mehr Wert auf digitale als auf reale Interaktionen legen oder diese zumindest deutlich häufiger vorkommen. Aber wir Menschen brauchen weiterhin Zuneigung und Anerkennung. Doch anstatt diese in der realen Welt zu finden, suchen wir sie via Social Media. Da digitale Interaktionen allerdings meist an der Oberfläche bleiben (Steffen, 2023), verlieren wir die tiefe Verbindung nicht nur zu uns selbst, weil wir uns nicht mit uns beschäftigen (Quarch im Interview mit Stratmann, 2017), sondern auch zu unseren Mitmenschen. Da ist es nicht verwunderlich, dass viele von uns sich zunehmend einsam fühlen (Primack et al., 2017).

Besonders in der heutigen Zeit ist es daher wichtig, für dich selbst zu definieren, wer du bist und was du willst. Was heißt Erfolg *für dich*? Wer bist *du*? Was kannst *du*? Wie nutzt *du* deine Energie und *deinen* Fokus? Wie kannst *du* sinnvolle und erfüllende Ziele *für dich* setzen? Wie bleibst *du* motiviert und baust Mut auf, um *dein* volles Potenzial auszuschöpfen? Es geht um die Entwicklung *deines* Erfolgs-Mindsets mit sechs Schlüsselfaktoren, den 6Ps, die du auf dein privates, berufliches und sportliches Leben anwenden kannst.

Dieses Buch stellt meine Ansichten und mein Erfolgs-Mindset Modell dar, basierend auf persönlichen Erfahrungen – auch mit und durch wunderbare Menschen, mit denen ich zusammenarbeiten durfte und darf.

Jede Person ist in einer anderen Situation und nimmt die Welt anders wahr. Also nimm dir aus dem Buch heraus, was richtig *für dich* ist und *dir* gut tut.

1   Die Basis: Erfolg und Mindset für dich verstehen

1.1   Was ist eigentlich Erfolg?

Erfolg. Ein kraftvolles Wort. Ein Begriff, der bei einigen positive Gefühle und Anregungen hervorruft, während er bei anderen Druck und Ängste auslöst. Dabei kommt der Erfolgsbegriff in so unterschiedlichen Facetten daher. Die einen verknüpfen Erfolg mit ihrer beruflichen Laufbahn, andere mit einer harmonischen Familie, weitere mit einem großen Freundeskreis und wieder andere mit sportlichen Höhepunkten. Umso wichtiger ist, dass du für dich Erfolg definiert hast, um deinen Weg erfüllend zu gestalten. In der heutigen Zeit, geprägt von digitaler Schnelllebigkeit und ständiger Vernetzung, werden uns kontinuierlich Vorstellungen darüber vermittelt, was Erfolg bedeuten soll. Facebook-Anzeigen, Fernsehwerbung, TikTok, die Yoga-Lehrerin, der Chef und die Nachbarin – sie alle haben ihre eigene Definition von Erfolg, bewusst oder unbewusst. Hinzu kommt, dass sich das individuelle Verständnis, was Erfolg bedeutet, über die Jahre ändert. Es kann im Alter von zwanzig Jahren völlig anders sein als mit fünfzig. Wichtig ist, dass du es für dich definierst und nicht das von anderen adaptierst und anstrebst. Die Bedeutung des Wortes ist sehr persönlich und ich sehe oft, dass Menschen sich den Definitionen anderer anpassen, statt ihre eigene herauszufinden.

Ich musste dies früh lernen, als ich in der Schule war. Die meisten meiner Mitschüler wollten nach dem Abitur Betriebswirtschaftslehre (BWL) studieren, um danach eine steile Karriere in einem renommierten Unternehmen anzustreben. Das war die einzige Definition von Erfolg, die ich kannte. Aber obwohl auch ich erfolgreich sein wollte, hatte ich nicht BWL im Sinn. Ich war in einem Dilemma. Als Teenagerin fühlte ich mich sehr unsicher und als Outsiderin, da ich nicht den als gängig definierten Erfolgsweg – Karriere, Geld und Status – einschlagen wollte. Später habe ich gelernt, dass die Unsicherheit, den nicht genormten Erfolgsweg zu nehmen, nicht nur in jungen Jahren gilt. Diese Herausforderung und der Druck von »Erfolg« werden mit dem Älterwerden für viele sogar noch größer.

Immer wieder trieb mich die Frage um: Gibt es denn keinen anderen Weg, erfolgreich zu sein? Denn zumindest für mich konnte ich im Laufe der Jahre erkennen, dass Erfolg nicht zwangsläufig mit Leistung und Karriere gleichzusetzen ist. Allein die folgenden unterschiedlichen Ansätze und Perspektiven aus verschiedenen Fachgebieten zeigen, wie komplex und breitgefächert eine Definition sein kann.

Psychologische Perspektive
»Erfolg wird aus psychologischer Sicht oft als die Erreichung persönlicher Ziele und die Befriedigung grundlegender menschlicher Bedürfnisse interpretiert, was eng mit individuellen Werthaltungen und Lebenszufriedenheit verbunden ist.« (Seligman, Csíkszentmihályi, 2000)

Soziologische Perspektive
»Die soziologische Forschung betont, dass Erfolg nicht nur auf individueller Ebene, sondern auch im sozialen Kontext betrachtet werden muss, da gesellschaftliche Normen und Werte starken Einfluss auf die Definition von Erfolg haben.« (Durkheim, 1897)

Wirtschaftliche Perspektive
»In der ökonomischen Theorie wird Erfolg häufig als Erreichung von ökonomischen Zielen und positiven finanziellen Ergebnissen betrachtet, wobei unterschiedliche Modelle zur Bewertung von Erfolg in verschiedenen Unternehmenskontexten angewendet werden.« (Fama, Jensen, 1983)

»In der Management- und Leadership-Forschung wird Erfolg oft als das Erreichen strategischer Ziele, die Förderung organisatorischer Leistungsfähigkeit und die effektive Führung von Teams und Mitarbeitern definiert.« (Kotter, 1996)

Persönlichkeitsforschung
»Persönlichkeitsforschung zeigt, dass individuelle Unterschiede in Persönlichkeitsmerkmalen wie Selbstwirksamkeit, Offenheit für Erfahrungen und emotionale Stabilität mit der Wahrnehmung und Verfolgung von persönlichem Erfolg korrelieren können.« (McCrae, Costa, 1991)

Allein diese wenigen Definitionen zeigen unterschiedliche und individuelle Perspektiven – und damit auch beispielhaft, dass es keinen allgemeingültigen Erfolgsbegriff geben kann. Muss und sollte es auch nicht. Es gibt keine einzig wahre Definition. Wichtig ist, dass du für dich klärst, was Erfolg für dich bedeutet. Welche Ziele möchtest du erreichen? Was ist dir wirklich wichtig im Leben? Die Antworten darauf sind persönlich und einzigartig. Es geht darum, dich selbst zu verstehen und zu wissen, was dir ein echtes Gefühl von Erfolg gibt. Wir gehen diesen Fragen in diesem Buch auf den Grund.

Was ist Erfolg?
Erfolg ist persönlich und manifestiert sich im Erreichen individuell gesetzter Ziele sowie im Empfinden von Zufriedenheit und Anerkennung für die erreichten Fortschritte.

Elementar ist, dass du die Antwort für dich selbst findest und auch verstehst, dass deine Definition sehr persönlich und nicht übertragbar auf andere ist. Ein Telefonat hatte mir dies sehr gut veranschaulicht.

Wenn man seine eigene Definition auf andere überträgt

Vor einiger Zeit wurde ich von einer Bekannten angerufen, die sportlich gesehen alles erreicht hat, was man erreichen kann. Sie ist Profiradfahrerin und trainiert andere in ihrem Sport. Sie fragte mich, wie sie Menschen dazu motivieren könne, ihr Bestes im Training zu geben. Denn bislang gebe sie ihren Mitmenschen zwar viele (aus Erfahrung) gute Impulse, um besser zu werden – aber dann passiere nichts. Die Menschen hörten womöglich zu, handelten aber nicht. »Wenn nicht ich, wer kann diesen Menschen denn sonst so viele gute Tipps geben?«, formulierte sie es frustriert. Ich erkundigte mich, ob die Menschen sie nach Hilfe gefragt hätten. Sie sagte nein, es wäre doch klar, dass diese Menschen ihre Ratschläge schätzen würden. Und da ist der Trugschluss. Sie überträgt ihre Definition von Erfolg auf andere. Sie sieht Erfolg als Leistung an im Sinne der Erreichung des bestmöglichen Resultats. Aber könnte es nicht ebenso gut sein, dass für diese Menschen der Sport eine Möglichkeit für sozialen Austausch ist und Erfolg für sie viel mehr die Zugehörigkeit zu einer Gruppe bedeutet?

Leider ist es oft genau dieser Leitgedanke – »Höher, schneller, weiter« –, der besonders den Menschen schadet und im Weg steht, die für sich Erfolg anders definieren möchten. Nicht jeder möchte Best-in-Class werden und ist im Wettkampfmodus. Aber weil das zu oft als erstrebenswert vorgesetzt wird, kämpfen viele Menschen mit Zweifeln und Ängsten bis hin zum Burn-out. Ihre Kernfrage: »Bin ich gut genug für die Gesellschaft, wenn ich nur ›mittelmäßig‹ bin oder meinen Erfolgsweg ganz anders beschreiben und gehen möchte?«

1.2   Von der Angst zu scheitern zum Mut für eigenen Erfolg

Wenn du dich nicht fragst, was Erfolg für dich bedeutet, tendierst du dazu, den Erfolg nach den gesellschaftlichen Standards, häufig denen deiner näheren Umgebung, zu definieren. Dies kann im schlimmsten Fall zu einem Verständnis führen, das im Widerspruch zu deinen eigentlichen, wenn auch teils noch verborgenen Vorstellungen steht.

Warum fragen wir uns nicht, was Erfolg für uns bedeutet?

Ein Grund dafür ist, dass vielen von uns nicht bewusst ist – weil nie gelernt –, dass wir selbst die Definition von Erfolg für uns festlegen können. Wir haben das Erfolgskonzept zunächst von unserem Elternhaus angenommen und nie hinterfragt, das von besagtem »Höher, schneller, weiter« bis hin zu der Vorstellung einer Familie spannen kann. Zeit- und Energiemangel sind weitere Gründe, warum wir möglicherweise keine eigene Definition von Erfolg festlegen. Und es gibt die Angst vor Erfolg, die uns bremsen kann, ihn anzustreben.

Letztere betrachten wir etwas näher. Denn die Angst vor Erfolg ist eine große, wenn auch in Teilen natürliche Bremse. Warum kann eine Person Angst vor Erfolg haben? (Neutsch, 2020) (Meindl, 2007)

- **Selbstzweifel und Versagensangst**: Manche Menschen haben tiefe Selbstzweifel und fürchten, dass sie den Erfolg nicht aufrechterhalten können. Sie fragen sich ständig, ob sie den Erwartungen – anderer – gerecht werden können oder ob sie es »verdienen«, erfolgreich zu sein.
- **Angst vor sozialer Isolation**: Erfolg kann dazu führen, dass sich jemand von seinem bisherigen sozialen Umfeld entfernt. Die Angst davor, dass andere die Person nicht mehr verstehen oder akzeptieren, kann zu einer Angst vor Erfolg führen.
- **Angst vor Veränderung**: Erfolg bringt oft Veränderungen mit sich. Dies kann bedeuten, dass sich Beziehungen, Routinen oder der Lebensstil ändern. Manche Menschen fürchten sich vor dem Unbekannten, das mit dem Erfolg einhergeht und ziehen es vor, in ihrer Komfortzone zu bleiben. Möglicherweise müssten sie schwierige Entscheidungen treffen, die sie vermeiden möchten oder sie müssten sich »outen«, weil sie nicht in das vorgegebene Umfeld passen.

Unabhängig von dem Grund, warum Menschen für sich Erfolg noch nicht definiert haben: Wichtig ist es erstens zu identifizieren, ob du es für dich noch nicht bewusst getan hast und zweitens, dich ehrlich und tiefgehend mit dem Thema auseinanderzusetzen. Anfänglich kann es herausfordernd sein, da es Tiefgang und Selbstreflexion verlangt. Aber dies ist ein essenzieller Schritt zu *deinem* Erfolg. Erst wenn du weißt, was du als Erfolg definierst, kannst du ihn auch erreichen.

Genau dafür ist dieses Buch konzipiert: Um dein eigenes Erfolgs-Mindset entwickeln zu können, hinterfragt es auch eigene Glaubenssätze (Kapitel 4).

1.3 Was ist ein Erfolgs-Mindset?

Das Erfolgs-Mindset – ein Begriff, der viel verspricht. Gerade in der heutigen Welt redet man gerne davon. Es kommt alles auf das »richtige« Mindset an, besonders wenn es um Erfolg geht. Aber ist das nun einfach »the next big thing« oder steckt wirklich etwas dahinter?

Erfolgs-Mindset

Das Erfolgs-Mindset konzentriert sich auf die Überzeugungen und Denkmuster, die den Erfolg fördern. Ein Erfolgs-Mindset zeichnet sich oft durch positive Einstellungen, den Glauben an persönliches Wachstum, die Fähigkeit, Hindernisse zu überwinden und die Bereitschaft, aus Fehlern zu lernen, aus. Menschen mit einem Erfolgs-Mindset neigen dazu, Herausforderungen als Chancen zu sehen und sind motiviert, ihre Ziele zu erreichen.

Der Erfolgs-Mindset beschreibt ein vielseitiges Konzept, das in verschiedenen Bereichen des Lebens und der Gesellschaft Anwendung findet.

- **Unternehmerische Welt**: In der Geschäftswelt und im Unternehmertum spielt das Erfolgs-Mindset eine große Rolle. Unternehmer und Führungskräfte setzen auf Konzepte wie das Wachstums-Mindset, um Innovation, Widerstandsfähigkeit und Erfolg in ihren Organisationen zu fördern.
- **Persönlichkeitsentwicklung und Coaching**: Persönliche Coaches und Mentoren nutzen das Konzept des Erfolgs-Mindsets, um ihren Klienten dabei zu helfen, ihre Ziele zu definieren, Hindernisse zu überwinden und ihre Stärken zu nutzen. Mindset-Coaching ist zu einem wichtigen Bereich in der Persönlichkeitsentwicklung geworden.
- **Bildung**: In Schulen und Hochschulen wird das Konzept des Mindsets immer häufiger in den Lehrplänen und in der Pädagogik verwendet, um Schülern beizubringen, wie sie Herausforderungen als Chancen wahrnehmen und ihre intellektuelle Entwicklung fördern können.
- **Sport und Fitness**: Im Bereich des Sports und der Fitness ist das Mindset ein entscheidender Faktor für den Erfolg. Athleten und Trainer verwenden Techniken aus dem Bereich des Erfolgs-Mindsets, um die Leistung zu steigern, sich von Verletzungen zu erholen und mentale Stärke zu entwickeln.

Ein Erfolgs-Mindset umfasst folgende Merkmale:

- **Positives Denken**: Menschen mit einem Erfolgs-Mindset neigen dazu, optimistisch zu denken und sich auf Lösungen statt auf Probleme zu konzentrieren. Sie glauben an ihre Fähigkeit, Hindernisse zu überwinden.
- **Selbstvertrauen**: Selbstvertrauen und Selbstbewusstsein sind entscheidende Elemente eines Erfolgs-Mindsets. Diese Haltung ermöglicht es den Menschen, an sich selbst zu glauben und ihre Fähigkeiten zu nutzen.
- **Zielorientierung**: Erfolgreiche Menschen setzen klare Ziele und arbeiten hart daran, diese Ziele zu erreichen. Sie haben eine klare Vision für ihre Zukunft.
- **Entschlossenheit und Beharrlichkeit**: Ein Erfolgs-Mindset beinhaltet die Fähigkeit, auch bei Rückschlägen oder Schwierigkeiten hartnäckig zu bleiben und nicht aufzugeben.
- **Offenheit für Veränderungen**: Erfolgreiche Menschen sind grundsätzlich offen für Veränderungen und Anpassungen. Sie sind bereit, neue Wege zu gehen und von ihren Erfahrungen zu lernen.
- **Verantwortungsbewusstsein**: Ein Erfolgs-Mindset beinhaltet die Übernahme von Verantwortung für das eigene Handeln und die eigenen Entscheidungen.
- **Motivation und Begeisterung**: Erfolgreiche Menschen sind oft hoch motiviert und haben eine Leidenschaft für das, was sie tun.
- **Lösungsorientierung**: Sie konzentrieren sich auf Lösungen, nicht auf Probleme, und sind bereit, Herausforderungen anzunehmen.

Auf den Punkt

Ein Erfolgs-Mindset ist nicht angeboren, sondern kann entwickelt und gefördert werden.

Was führt zu deinem Erfolgs-Mindset?

In diesem Buch stelle ich dir sechs Schlüsselfaktoren für die Entwicklung und Förderung deines Erfolgs-Mindsets vor, die du für dein berufliches, privates und sportliches Leben nutzen kannst.

Vorher möchte ich dir den Hintergrund dazu geben, warum ich mich gerade für das Erfolgs-Mindset interessiere und wie ich anhand meines 6P Erfolgs-Mindset Modells zu der Entwicklung dieser sechs Schlüsselfaktoren kam. Bestimmt gibt es die eine oder andere Situation, die dir bekannt vorkommt.

2 Mein Weg zum Erfolgs-Mindset

Die Suche nach meinem beruflichen Purpose hat sich über viele Jahre hingezogen. Ich war immer hin- und hergerissen zwischen der Verfolgung meiner Leidenschaft und dem Erfüllen gesellschaftlicher Normen. Dabei war es mir aber sehr wichtig, nicht nur irgendetwas zu machen, sondern es sollte Sinn für mich ergeben und ich wollte mich erfüllt in dem Beruf fühlen.

2.1 Erfolg ist persönlich

In Kapitel 1 erwähnte ich, dass ich schon in meinen Teenagerjahren ein Problem mit der Standard-Erfolgsdefinition hatte – obwohl ich in einer eher traditionellen Familie aufgewachsen bin. Für sie waren Studium und eine Karriere in einem renommierten Unternehmen das Ziel. Doch da ich das typische BWL-Studium nicht machen und mich dem Sport widmen wollte, war mein Plan, in die USA zu ziehen, um dort Volleyball zu spielen. Denn dort hat Sport einen ganz anderen Stellenwert als in Deutschland. Trotzdem hatte ich den Anspruch an mich selbst, erfolgreich zu sein. Diesen Glaubenssatz (Kapitel 4) nahm ich dann doch mit aus meinem Elternhaus. Und warum nicht Volleyball und Karriere in den USA verbinden? Eigentlich ein perfekter Plan, wenn ich nicht eine Erfahrung gemacht hätte, die meine Glaubenssätze rund um Erfolg kräftig durchschüttelten.

Da ich mit 1,72 cm relativ klein bin als Angriffsspielerin im Volleyball, erhielt ich damals ein einziges Angebot für ein Vollstipendium an einer Universität in South Carolina. Es war keine besonders gute Universität. Das Bildungsniveau im gesamten Umfeld war nicht hoch, das Einkommen in der Region zum Teil unter der Armutsgrenze und Gewalt an der Tagesordnung. Diese Zeit hat meine Definition von Glücklichsein über den Haufen geworfen. Ich habe mich einsam gefühlt, hatte Schwierigkeiten, Freundschaften zu schließen und war Außenseiterin allein schon wegen meiner Hautfarbe, da in dieser Gegend vorwiegend schwarze Menschen lebten. Es war die schwerste Zeit in meinem Leben und wohl die, die mich und meine Grundwerte am meisten geprägt hat.

Was helfen Geld, Status und Karriere, wenn die Voraussetzungen für Selbstverwirklichung – als ein wichtiges Bedürfnis, siehe Maslowsche Bedürfnishierarchie (Kapitel 8.1) – nicht gegeben sind? In dieser Zeit habe ich alte Freundschaften wieder aufleben lassen, eine tiefe Verbindung zu meiner Familie aufgebaut und mich mit der Frage beschäftigt: »Was macht mich wirklich glücklich?«. Ich habe festgestellt, dass für mich eine Karriere ein »Nice-to-have« ist, aber nicht die Grundvoraussetzung für mein Glücklichsein. Und was heißt beziehungsweise hieß damals für mich überhaupt Erfolg? Ich bin mit dem Mindset in die USA gezogen, dass er für mich bedeutete, eine steile Karriere anzustreben – im besten Fall in den USA. Aber das erste Jahr an der Uni hat meine Ansichten komplett über den Haufen geworfen. Denn statt Karriere, Geld und Status wollte ich Zugehörigkeit und Glücklichsein. Dieses prägende Jahr hat mir verdeutlicht, dass Erfolg kein Synonym für Zufriedenheit sein muss.

Während des gesamten ersten Jahres, dem sogenannten Freshman Year, war mein einziger Gedanke: Ich weiß, ich werde hier kein weiteres Jahr verbringen. Aber wohin soll ich? Zurück nach München, um dann mit meinen ehemaligen Mitschülern im BWL-Studium zu sitzen? Keinesfalls! Das hätte für mich einem kompletten Misserfolg entsprochen. Somit war ich auf der Suche nach einer anderen Universität in den USA und habe tatsächlich eine gefunden, für die ich ein weiteres Volleyballstipendium erhielt. Es war eine reiche private Businessuniversität – fast ironisch, da Geld seinen ganzen Charme für mich verloren hatte. Aber es war eine Möglichkeit, weiterhin in den USA zu bleiben, um dort Volleyball zu spielen. Hier war ich umgeben von wohlhabenden Studenten, die entweder das Unternehmen von ihrem Vater übernehmen wollten, und Studentinnen, die, wie sie mir selbst berichteten, den »MRS-Degree« anstrebten. (Der Begriff »MRS-Degree« wird humorvoll sowie abfällig verwendet, um auf die Vorstellung hinzuweisen, dass einige Frauen ihr Hauptaugenmerk auf die Ehe legen oder sich darauf konzentrieren, einen Ehemann zu finden, anstatt eine formale Ausbildung oder Karriere zu verfolgen. Der Begriff basiert auf der Abkürzung »Mrs«, die im Englischen als Anrede für verheiratete Frauen verwendet wird, gefolgt von »degree«, Grad.)

Die Definition von Erfolg hätte nicht unterschiedlicher sein können zu dem, was ich kurz zuvor in South Carolina erlebt hatte. Meine Quintessenz: Wie man Erfolg für sich deutet, hängt von so vielen Komponenten ab: Gesundheitsstatus, finanzielle Mittel, Aussichten, externe Faktoren. Für eine Person ist Erfolg, wenn sie durch die täglichen zwei Jobschichten durchkommt, um die kranke Mutter am Abend zu verpflegen. Für eine andere liegt er darin, ein Multimillionen-Dollar-Business hochzuziehen. Daher ist es einfach unmöglich, die Definition einer anderen Person für dich zu übernehmen und dich nach ihr auszurichten. Aber wir erkennen die Subjektivität der Erfolgsdefinition oft erst dann, wenn wir mit einem Extrem konfrontiert werden, dass unserem Begriffsverständnis frontal gegenübersteht. Meistens sind wir so in unserer Bubble gefangen, dass wir uns mit Nuancen von Erfolg herumschlagen, anstatt das große Ganze – gemeint ist eine individuelle, belastbare Definition von Erfolg – zu betrachten. Obwohl ich diese Zeit in den USA keinem wünsche: Jetzt sehe ich sie als einzigartige Erfahrung, die mir hautnah gezeigt hat, wie persönlich der Erfolgsbegriff ist.

2.2 Gib Erfolg eine Chance

Nach dreieinhalb Jahren hatte ich meinen Bachelor Degree in Globale Studien mit dem Fokus auf nukleare Waffen in Iran abgeschlossen und wollte einen weiteren Master Degree in London absolvieren, da ich meine Erfolgschancen für ein weiteres Stipendium in den USA als sehr niedrig einschätzte. Ich war bereits eingeschrieben in London, die Sache schien geritzt. Aber ich fragte mich gleichzeitig, warum ich den Unis in den USA keine Chance mehr gab. Ich hatte quasi aufgegeben, bevor ich überhaupt probiert hatte, einen weiteren Studienplatz zu bekommen. Das Gefühl, schon verloren, ohne gekämpft zu haben, fühlte sich nicht richtig an und der Gedanke, »was wäre, wenn ich mich beworben hätte und akzeptiert worden wäre?«, kam auf. Dieses Unbehagen, wegen meiner Voreingenommenheit eine Möglichkeit nicht wahrzunehmen, baute sich mehr und mehr auf. Das Ergebnis: Ich musste mich bewerben! Mein Ehrgeiz, nicht zu früh aufzugeben inklusive der treibenden Frage »Was kann schon passieren?« torpedierten meine bisherigen Erfahrungen. Also suchte ich die Top-3-Unis für mein Fachgebiet aus und schickte meine Unterlagen ab.

Dennoch begann ich, für London zu packen und erhielt in der Zeit bereits zwei Absagen. Als ich den dritten Brief schon in den Müll werfen wollte und ihn dann doch öffnete, dachte ich zunächst, ich hätte ich mich verlesen: Die Georgetown University, das beste Programm der Welt für meinen Studiengang, hatte mir einen Studienplatz angeboten. Ich bin fast an die Decke gesprungen, aber recht schnell begann mein Kopf zu rattern: Wer zahlt für den Studienplatz, ca. 80.000 US-Dollar pro Jahr? Ich war auf ein Stipendium angewiesen. Völlig frustriert antwortete ich Georgetown, dass ich den Platz aus finanziellen Gründen nicht annehmen könne. Mit der folgenden Antwort kam das Angebot für ein 50-Prozent-Stipendium. Trotz kurzer Jubelphase standen dann immer noch 40.000 US-Dollar im Raum – also immer noch ein Problem. Es folgte mein zweiter Absagebrief mit maximaler Frustration. Und dann kam eine Zusage für ein 100-Prozent-Stipendium. Ich konnte es nicht fassen. Was war da gerade passiert?

Die Erkenntnisse, die ich aus dieser Erfahrung gewonnen habe, waren ergreifend und haben mein Denkmuster ordentlich durcheinandergewirbelt:

1. **Schreibe dich und deine Chancen niemals ab.** Rede dich nie klein, dass du etwas nicht bekommen könntest oder nicht verdient hättest. Oft weißt du nicht, wer eine Entscheidung trifft und welche unbekannten Kriterien dabei eine Rolle spielen. Das trifft für Jobbewerbungen, aber eigentlich für alle Schritte im Leben zu. Nur weil du nicht zu hundert Prozent allen Anforderungen entsprichst, heißt das nicht, dass du dich nicht bewerben oder weitergehen solltest. Tue es trotzdem. Du kannst nur gewinnen.

2. **Sei mutig zu sagen, wenn dir etwas fehlt.** Oft gibt es Lösungen. Wenn dein Gegenüber weiß, was dir fehlt und dich zum Beispiel als Jobkandidat wirklich will, wird die Person vielleicht ein Auge zudrücken oder Kriterien ändern. Das kann sie aber nur, wenn sie von dir und deinen Bedürfnissen oder Hürden weiß. Ansonsten könnte sie denken, dass du kein Interesse hast.

Diese Erkenntnisse haben mich stark geprägt und erinnern mich sehr an ein Zitat von William Clement Stone: »Aim for the moon. If you miss, you may hit a star.« – »Strebe den Mond an. Wenn du ihn verfehlst, triffst du vielleicht einen Stern.«

Immer klarer wurde mir: Warum sollte ich mir selbst Grenzen setzen, wenn es sie vielleicht gar nicht gibt außer in meinem Kopf? In diesem Modus bin ich dann auch weitergefahren, habe an der Georgetown University erfolgreich einen Master in Sicherheitsstudien mit dem Fokus auf nukleare Waffen in Nordkorea abgeschlossen und danach beim Internationalen Währungsfonds und bei der Weltbank gearbeitet. Obwohl sich das nach Karrierebestreben anhören mag, lag mein Fokus auf dem Sport nach der Arbeit und am Wochenende. Die Arbeit von Montag bis Freitag fand ich nicht erfüllend. Ich konnte mich mit der Materie nicht identifizieren und spürte keinen Erfolg. Ich hatte das Gefühl, ich arbeite einfach nur. Ich hatte kein Ziel und empfand zu selten das Gefühl, dass ich etwas geschafft hatte. Somit habe ich Erfolg, obwohl ich es für mich zu dem Zeitpunkt noch nicht klar formuliert hatte, wieder im Sport gesucht und ihn zunächst beim Adventure Racing und dann im Radsport gefunden.

Nach relativ kurzer Zeit stand ich vor einer großen Entscheidung: eine steuerfreie Karriere bei der Weltbank oder eine Radsportkarriere. Für meine traditionelle Familie war klar: »Moni, was willst du als armer Radprofi machen, wo gibt's denn da überhaupt Karrierechancen? Und das kannst du doch eh nicht ewig machen. Das ist nur verlorene Zeit.« Obwohl meine nähere Umgebung eindeutig die Weltbankkarriere favorisierte, war für mich die Entscheidung alles andere als einfach. Eine zentrale Erkenntnis hatte ich ja bereits aus meiner Vergangenheit mitgenommen: Erfolg ist persönlich. Somit wollte ich mir die Chance nicht entgehen lassen herauszufinden, was es heißt, Radprofi zu werden. Entgegen den Meinungen meines engsten Umfelds und gewisser gesellschaftlicher Normen habe ich meinen Weltbankjob gekündigt und bin nach Deutschland gegangen, um in der 1. Bundesliga Radrennen zu fahren. Es war eine sehr schwere Entscheidung.

Und nach nur drei Monaten habe ich sie bereut. Meine Vorstellungen vom professionellen Radsport haben sich drastisch von der Realität unterschieden. Das Bergabfahren, die Unfälle und die Aggressionen zwischen den Radfahrern waren alles andere als angenehm. Ziemlich schnell musste ich mir eingestehen, dass der Wechsel von der Weltbank zum Radsport nicht das Richtige gewesen war. Ich war am Boden zerstört. Nur wenige Monate zuvor hatte ich eine große Karriere aufgegeben, um einen neuen Weg einzuschlagen, der mir viel zu versprechen schien – um dann festzustellen, dass dieser Weg nichts für mich ist. Ich habe das als großen Misserfolg wahrgenommen. Ich hatte den Schritt auf einen Weg gewagt, der komplett meinen Vorstellungen entsprach, nur um in kürzester Zeit enttäuscht zu werden und zu glauben, dass der traditionelle Weg doch besser gewesen wäre. Und dennoch: Obwohl ich zu dem Zeitpunkt meine Entscheidung für den Profiradsport bereut habe, wusste ich – wenn auch Jahre später –, dass es die richtige Entscheidung war. Das Gefühl zu haben, eine Möglichkeit zu verpassen, ist (für mich) noch viel schlimmer. Ich habe daraus gelernt, dass es besser ist zu scheitern, als etwas erst gar nicht zu versuchen. Eine weitere Erkenntnis, die mich geprägt hat.

Misserfolg bedeutet für mich nicht mehr, etwas auszuprobieren und festzustellen, dass es nicht das Richtige für mich ist. Ich nenne das Erfahrungen sammeln, lernen, wachsen und sich damit selbst besser kennenlernen. Und dies ist ein unersetzbarer Gewinn für die persönliche Entwicklung. In genau dem Moment siehst du es vielleicht als Scheitern an, aber mit etwas Abstand erkennst du, wie viel du aus solchen Erfahrungen mitnehmen kannst. Wichtig dabei ist es, sie nicht als »gescheitert« zu labeln, sondern dich so unvoreingenommen wie möglich zu fragen, welche positiven Aspekte du mitgenommen hast. Diese Erfahrungen sind Teil des Weges zum Erfolg und helfen dir dabei, eine zufriedene Zukunft zu gestalten. Ich habe lieber die Erfahrung gemacht, dass ich kein Radprofi werden will als zu bereuen, es nie ausprobiert zu haben.

Meine Lösung aus der Situation, dem Profiradsport adieu zu sagen, war, Sport zu studieren, da ich ihn liebe. Anschließend fand ich allerdings keine passende Stelle und meine Familie und Freunde wiesen mich darauf hin, dass ich nun drei Universitätsabschlüsse hätte und doch was »Gescheites« finden sollte, also einen Job, der die Studienzeit rechtfertigt – somit zurück auf den aus ihrer Sicht konformen Karriereweg. Da ich keine Alternative hatte, bewarb ich mich tatsächlich auf »normale« Jobs und wurde Unternehmensberaterin in einer großen IT-Firma. Ich erinnere mich noch genau, dass ich die einzige Nicht-BWLerin unter den zehn Bewerbern und Konkurrenten für zwei Jobangebote war. Fachlich konnte ich nichts beisteuern und war zuerst auch sehr eingeschüchtert von der Professionalität der anderen Bewerber. Jeder mit Sakko und Rolex-Uhr und ich in dem einzigen nicht sportlichen Outfit, das ich in meinem Schrank hatte. Aber ich machte dieselbe Erfahrung wie bei der Bewerbung für die Georgetown University: Obwohl ich von außen keine Chancen auf diese Stelle hatte, erhielt ich eine Zusage. Warum? Das weiß ich nicht. Anscheinend habe ich die für mich unbekannten Kriterien erfüllt. Aber wichtiger ist: Ich habe mich beworben und mir damit überhaupt erst die Chance gegeben, genommen zu werden.

Es ist erstaunlich, wie wir Menschen uns bestimmte Situationen vorstellen und uns damit häufig geringe Chancen ausrechnen. Oft ist es ganz anders. Ich habe gelernt, dass wir häufig nicht wissen, wer warum eine Entscheidung trifft. Und weil wir das nicht wissen, heißt das: Einfach machen! Mit dem richtigen Mindset kannst du nicht verlieren – gewinnen schon.

2.3 Den Sinn des Lebens finden

Nun hatte ich also einen renommierten Job als Unternehmensberaterin für eine IT Firma. Ich war geflasht, all die Gedanken um die Radprofikarriere waren vergessen. Jetzt stand ich »mitten im Leben« mit Anzug, Laptoptasche und gutem Gehalt. Was wollte ich mehr? Endlich hatte ich »es« geschafft und wurde mit Ansehen noch belohnt. Mein Vater war mehr als stolz. Endlich hatte sich die Tochter von dem ganzen sportlichen Firlefanz abgewandt und nun stand ihr nichts mehr im Weg, die Managementkarriere anzustreben, die er für mich so sehr erhofft hatte.

Das positive Feedback und die Bestätigung von außen haben es mir leicht gemacht, meine Gedanken, Wünsche und Ideen in Bezug auf Erfolg und Glücklichsein zu vergessen. Sie haben mir meine eigene Lebensansicht vernebelt. Meine klaren Vorstellungen, was ich *nicht* wollte, verschwammen. Schnell vergaß ich meine nicht konformen Ansichten. Endlich musste ich nicht mehr für mich selbst kämpfen. Endlich war ich da, wo mich alle sehen wollten.

Aber das hielt nicht lange. Nur nach einem Jahr kam dasselbe Gefühl wie bei der Weltbank auf, dass der Job mich nicht erfüllt und dass Glücklichsein und Erfolg für mich anders aussehen müssen. Wie? Das wusste ich immer noch nicht. Ich wollte diesmal aber nicht den Job einfach so loslassen (vor allem nach der Erfahrung, als ich bei der Weltbank gekündigt hatte) und habe die Ursache woanders gesucht. Vielleicht lag es ja am Land, dass ich mich nicht glücklich fühle? Und so bin ich mit derselben Tätigkeit nach Australien gezogen in der Hoffnung, dass ich dort Zufriedenheit im Job verspüren würde. Doch die Realität traf mich erneut mit voller Härte. Ich kam in dem klassischen Bürojob nicht klar – aber ich sah weiterhin keine Alternative. Ich war 30 und hatte einige berufliche, akademische und geografische Stationen hinter mir und noch immer wusste ich nicht, was ich will, was mein Purpose ist.

Dann kam die Kündigung. Sie brauchten die Software, für die ich beraten hatte, nicht mehr und somit auch mich nicht. Ich fühlte mich komplett verloren. Jetzt war ich also arbeitslos. Ich konnte mit der Situation nichts anfangen und mein Selbstwertgefühl war im Keller. Bekomme ich jemals wieder einen Job? Was mache ich morgen, wenn ich nicht zur Arbeit gehe? Doch obwohl ich auch die Kündigung zunächst als ein schlimmes Ereignis, als Scheitern labelte, war sie nach nicht allzu langer Zeit ein »Blessing in Disguise« – also etwas, das schlecht schien, sich aber zum Guten wendete. Denn sie hat mich aus meiner miserablen Gefühlslage gerettet, dass ich mich mit dem derzeitigen Job nicht identifiziert, aber aus Angst vor einer unbekannten Zukunft nicht gekündigt hatte.

Und dann saß ich da, im Botanischen Garten in Melbourne, und wurde mir meiner Situation klarer als je zuvor bewusst. Ich bin 30 und weiß immer noch nicht, was ich will. Wie kann ich das jemals herausfinden? Ich konnte nicht noch irgendeinen Job machen. Ich hatte bereits mehrfach gemerkt, dass mich das unglücklich macht. Gleichzeitig nahm ich mein Bedürfnis deutlich wahr, dass ich mich zu hundert Prozent mit dem identifizieren muss, was ich mache. Ich möchte dahinterstehen und Spaß haben. Ich muss den Sinn sehen und das Gefühl haben, dass ich einen positiven Einfluss haben kann. Alles, was ich bisher gemacht hatte, war weit weg von diesen Bedürfnissen.

Ich brauchte eine Auszeit – weg von dem Druck, unter den ich mich nun schon Monate gesetzt hatte. Und so entschied ich mich, nach Spanien zu ziehen. Nur mein Rad, eine kleine Tasche, ich und die Frage: Was will ich wirklich in meinem Leben machen? In Spanien angekommen bin ich viel Rad gefahren. Es war eine »Bereinigung« von all den Glaubenssätzen, die ich mir in den letzten Berufsjahren angeeignet hatte. Während ich auf der Suche nach der Antwort auf meine Frage war, stellte ich plötzlich fest, dass ich gar nicht so allein war mit meiner Situation. Es gab viele Menschen in einer ähnlichen Situation, auch wenn es nicht immer direkt offensichtlich war. Erst durch tiefgründige Gespräche erfuhr ich von den häufig sehr ähnlichen Situationen anderer. Dabei legte allerdings kaum eine Person leichtfüßig offen, dass auch sie immer noch oder wieder nach dem beruflichen Purpose sucht – vor allem, wenn sie das 30. Lebensjahr weit überschritten hatte.

Der Unterschied zu vielen »Gleichgesinnten« bestand darin, dass ich aktiv nach einer Antwort suchte. Ich stellte fest, dass viele deutlich weniger engagiert waren oder gar ihre eigene Unzufriedenheit leugneten. Sie hatten Angst, sich der Frage zu stellen – was verständlich ist, weil es hier um die Frage der eigenen Identität geht. Es geht darum, aus der Komfortzone rauszugehen, die inneren Motivationen zu verstehen, sich im wahrsten Sinne selbst auf den Grund zu gehen. Es geht darum, vielleicht harte, aber wichtige und für sich wahre Entscheidungen zu treffen. Und dann kommt noch der Mut hinzu, einen unbekannten, vielleicht auch beängstigenden Weg zu gehen. Das Gefühl, komplett aus der Komfortzone zu gehen, ist meist so beängstigend, dass man den Status quo bevorzugt, so unzufrieden oder unglücklich er auch macht.

Auf den Punkt

Das Gefühl, dass man »scheitern« könnte, macht den ersten Schritt aus der Komfortzone sehr schwierig.

Über die letzten Jahrzehnte habe ich gelernt, mit genau diesem Gefühl umzugehen und mich trotzdem der Herausforderung zu stellen. Und dadurch entstand meine Mission: andere Menschen zu unterstützen, ein Erfolgs-Mindset zu entwickeln, um ihre Produktivität, Motivation und Zufriedenheit zu steigern und sich auch scheinbar unmögliche Ziele zu setzen und sie zu verfolgen. Mit Herz und Seele mache ich dies als Trainerin und Beraterin für Einzelpersonen, Teams und Unternehmen (siehe Kapitel »Die Autorin« am Ende des Buches).

Meine folgenden Radrekorde waren die Realisierung dessen, was es heißt, sich großen Herausforderungen zu stellen. Anstatt mit Angst gehe ich nun mit Begeisterung auf sie zu. Ich habe gelernt, sie als Möglichkeit zu sehen, an ihnen zu wachsen und aus ihnen zu lernen. Für mich gilt: Stillstand ist langweilig (und gefährlich). Das Leben hat so viel mehr zu bieten als das träge Wiegen in gewohnten Gefilden.

Durch meine zahlreichen Erfahrungen außerhalb der Komfortzone, viel Selbstreflexion sowie mein Interesse an den Fragen »Was ist eigentlich Erfolg?« und »Wie hängt Erfolg mit Glücklichsein und Erfüllung zusammen?« habe ich Tendenzen erkannt, worauf es ankommt, um sich motivierende Ziele zu setzen und sie zu verfolgen. Welche Faktoren sind entscheidend, um erfolgreich zu sein? Daraus entstand mein 6P Erfolgs-Mindset Modell. Mit diesem Modell war und ist es mir wichtig, eine Struktur zu entwickeln, die leicht verständlich und anwendbar ist. Es ist praktisch orientiert und soll helfen, die richtigen Fragen aufzuwerfen, um zu verstehen, was es heißt, (d) ein Ziel zu verfolgen.

Das Modell besteht aus sechs Schlüsselfaktoren, die essenziell sind, um erfolgreich und zufrieden mit der Zielverfolgung zu sein. Sie werden dir bekannt vorkommen und bestimmt weißt du auch schon, wie wichtig sie sind. Aber vielleicht konntest du sie bisher noch nicht richtig für dich anwenden. In den folgenden Kapiteln wirst du sehen, wie du diese Schlüsselfaktoren für dein Leben und deine tägliche Arbeit anwenden kannst. Sie alle unterstützen dich, mehr Mut zu haben, Resilienz und Selbstbewusstsein aufzubauen sowie Innovation und Anpassung an Veränderungen willkommen zu heißen. Zudem gehen wir darauf ein, was es eigentlich so schwierig macht, sich Ziele zu setzen und sie zu verfolgen.

3 Das 6P Erfolgs-Mindset Modell: Sechs nachhaltige Schlüsselfaktoren

Das 6P Erfolgs-Mindset Modell besteht aus sechs Schlüsselfaktoren, um dein Erfolgs-Mindset zu entwickeln. Es ist kein Rezept, um schnell reich zu werden. Es geht darum, das Thema Erfolg individuell und tiefgründig zu erkunden. Es beginnt damit zu definieren, was *für dich* Erfolg heißt und wie er in Zusammenhang mit Zufriedenheit und Erfüllung steht (Purpose, Kapitel 4). Anschließend betrachten wir ausführlich dein Potenzial und was du alles kannst (Kapitel 5). Wie sieht dein Weltbild aus? Welchen Fokus und welches Energielevel, welche Power hast du aktuell (Kapitel 6)? Und wie kannst du deine eigenen Limitationen minimieren? Das ist Inhalt von Kapitel 7, Perspective. Weiter gehen wir darauf ein, wie deine Umgebung dich beeinflusst und wie du sie aufbauen kannst, um ein starkes Unterstützungsnetzwerk zu kreieren (People, Kapitel 8). Kapitel 9, Path, zeigt dir, wie du deinen eigenen Weg beschreitest. Abschließend gehen wir die ersten Schritte (Kapitel 10), um einen motivierenden und realistischen Weg zu schaffen, damit du dein Ziel erfolgreich verfolgst.

Dieses Modell ist nachhaltig aufgebaut. Es geht nicht darum, »irgendwie« ein Ziel zu erreichen, sondern darum, dein Leben mit sinnhaften Zielen zu bereichern, bei denen du dein volles Potenzial ausschöpfen kannst. Das heißt aber auch, dich intensiv mit dir selbst zu beschäftigen. Kontinuierliche Selbstreflexion ist eine wichtige Komponente, um erfolgreich und zufrieden zu sein, die – auch wenn es vielleicht nicht gerne gehört wird – Zeit und Energie benötigt. Aber wenn du es wirklich ernst mit dir und deinen Zielen meinst, dann wirst du deinen Weg finden (das besprechen wir näher in Kapitel 6, Power).

Auch die intrinsische Motivation – die innere Antriebskraft – ist eine wichtige Voraussetzung für deinen erfolgreichen Weg. Wenn du diese hast, dann kann ich dich mit einer klaren Struktur unterstützen, eine Denkweise zu entwickeln, damit du deine Ziele erreichst. Dir fehlt diese intrinsische Motivation? Dann kann es an dem Ziel selbst liegen. Darauf gehen wir im folgenden Kapitel 4, Purpose, ein. Denn dieses erste P ist besonders wichtig für diejenigen, die nach einem Ziel suchen oder sich nicht (mehr) so recht mit einem bestehenden identifizieren können. Die weiteren Ps sind entscheidend, deine Motivation aufzubauen und vor allem aufrechtzuerhalten. Lege daher bitte nicht gleich das Buch weg, wenn du meinst, du hast keinen inneren Antrieb. Ich möchte dir dabei helfen, deine intrinsische Motivation zu erarbeiten. Denn du brauchst diese Motivation aus deinem Innerem, um deine Ziele zu erreichen. Extrinsische Motivation – der Antrieb durch externe Faktoren wie Belohnungen, Anerkennung, Bestrafung oder äußere Erwartungen – wird dich nur bedingt weiterbringen und erfüllen. Das Erfolgs-Mindset Modell ist daher kein Quick-Trick-Weg, sondern es geht darum, dich intensiv mit dir und den 6Ps zu beschäftigen, die du auf alle Lebensabschnitte sowie auf den Beruf, das Privatleben und den Sport anwenden kannst.

6P ERFOLGS-MINDSET MODELL

- Path – dein Weg
- People – deine Unterstützung
- Perspective – deine Welt
- Power – deine Entscheidung
- Potential – deine Stärken
- Purpose – dein Grund

Abb. 1: Das 6P Erfolgs-Mindset Modell

Die 6P

Das sind sie, die 6Ps: Purpose, Potential, Power, Perspective, People und Path. Jeder dieser Schlüsselfaktoren steht in Abhängigkeit voneinander und sie fließen ineinander über. Bei dem ersten P, dem Purpose, geht es um die Definition und der Bedeutung des Ziels. Bei den weiteren Ps geht es um die konkrete Umsetzung und Verfolgung des Ziels.

Purpose: Was ist dein Grund für das, was du tust? Du musst voll und ganz hinter deiner Mission stehen und genau wissen, WARUM du deine Ziele verfolgst. Der Purpose ist die Basis für alles weitere. Er gibt vor, wie resilient und motiviert du an deinem Ziel bleibst.

Potential: Kenne und nutze deine Stärken. Hand aufs Herz: Wann hast du dich das letzte Mal gefragt, was deine Stärken sind? Wenn du sie nicht kennst, wie kannst du sie dann in dein berufliches und privates Leben einsetzen und dein volles Potenzial entfalten?

Power: Übernimm Verantwortung. Treffe Entscheidungen. Gestalte aktiv dein Leben. Jede Person hat ihre eigene Power, sie ist unabhängig von Titeln. Aber viele setzen sie nicht oder nur teilweise ein. Was passiert, wenn du sie (nicht) nutzt und wie du deine Power aktiv anwenden kannst, lernst du mit diesem P.

Perspective: Sieh das große Ganze, aber verliere deinen Fokus nicht. Hier geht es darum, unterscheiden zu können, was wirklich wichtig ist und was nicht und dich nicht auf unwichtige Kleinigkeiten einzulassen. Aber wie behältst du nun den Fokus auf das, was zählt? Und wie kannst du auch mal Nein sagen?

People: Umgib dich mit Menschen, die wirklich an dich und deine Mission glauben. Wie lässt du dich von negativem Feedback nicht unterkriegen? Und wie findest du diese Menschen, die mit dir durch dick und dünn gehen?

Path: Kreiere einen Weg, der motivierend und erreichbar ist. Was brauchst du, um einen Weg zu schaffen, bei dem du stets motiviert bleibst und Fortschritt siehst?

In den folgenden Kapiteln zeige ich anschaulich, warum die jeweiligen Ps wahre Schlüsselfaktoren sind und wie du sie ganz pragmatisch in dein Leben integrieren kannst. Zudem gibt es für jedes P auch ein Kapitel, das sich an Führungskräfte richtet und darauf schaut, wie sie die Schlüsselfaktoren erfolgreich anwenden können – für sich selbst als Führungskraft sowie für ihr Team.

4 Purpose: Finde dein Warum

Erfolg beginnt mit einem starken, unerschütterlichen Grund für dein Ziel.

Was willst du in deinem beruflichen und privaten Leben erreichen? Eine große Frage, die heutzutage sehr schwer zu beantworten ist. Wir leben in einer Welt teils rasanter Veränderungen, konstanten Inputs und inzwischen vielen Unruhen, Kriegen und Aggressionen. Wie sollen wir da noch wissen, wohin unsere Reise geht und was wir wirklich wollen? Statt uns also den Kopf zu zerbrechen und dabei womöglich auch »Angst« vor unserem wahren Ich zu bekommen (durch Erkenntnisse, die wir gar nicht haben wollen), lassen wir uns lieber von externen Faktoren führen. Es ist viel einfacher, ein Ziel eines anderen zu verfolgen, als ein eigenes aufzubauen. Wir müssen einfach nur noch drauf zu- beziehungsweise hinterherlaufen. Und finden uns plötzlich wieder in einer Karriere, die Burn-out verursacht, oder in Aktivitäten, die uns auslaugen. Dann sitzen wir da – so zwischen 30 und 45 Jahren – und wundern uns, was wir eigentlich die ganze Zeit gemacht haben und wie wir überhaupt dorthin gekommen sind, wo wir jetzt gerade stehen. Wir stellen plötzlich alles infrage, auch unseren eigenen Sinn.

Genau an diesem Punkt stand ich mit 30 Jahren (Kapitel 2), als ich (zum zweiten Mal) gemerkt habe, dass die große Karriere mich nicht glücklich macht. Ich bin einfach nur hinterhergerannt – hinter einem Ziel und einer Definition von Erfolg, die ich nicht hinterfragt hatte. Bis ich merken musste, wie unzufrieden und unerfüllt ich war. Dies mag ein extremes Beispiel für fehlenden Purpose sein. Aber es spiegelt klar wider, weshalb das Warum so wichtig für jedes Ziel ist – egal wie groß oder klein es ist. Je wichtiger und scheinbar unmöglicher das Ziel, desto stärker und tiefgründiger muss dein Purpose sein.

Purpose

Der Begriff »Purpose« (Zweck oder Sinn) bezieht sich auf das grundlegende Warum oder die zugrunde liegende Absicht hinter den Handlungen, Zielen oder Bestrebungen einer Person, Organisation oder Sache. Es geht um die tiefere Bedeutung und Motivation, die das Handeln antreibt. Der Purpose gibt Antworten auf Fragen nach dem Sinn und Zweck des eigenen Daseins oder einer bestimmten Tätigkeit.

Wenn du voller Überzeugung weißt, WARUM du etwas tust (oder nicht tust), dann wirst du weniger dazu tendieren, Alternativen zu suchen oder aufzugeben – positiv formuliert, umso klarer und aufrechter kannst du deinen Weg gehen. Als ich den Reset-Button in Australien drückte und nach Spanien zog, um meinen Sinn des Lebens zu suchen, gab es für mich kein Zurück. Ich musste meine Antwort finden. Mit der Alternative, der genormten Karriere, konnte ich nicht leben. Meine Suche nach dem Purpose war so stark, dass ich es in Kauf nahm, in ein Land zu ziehen, dessen Sprache ich nicht konnte, in dem ich niemanden kannte oder jemals zuvor in Malaga, meinem Ankunftsort, war.

Meinen Purpose habe ich gefunden: andere Menschen zu unterstützen, aus der Komfortzone zu gehen, sich auch scheinbar unmögliche Ziele zu setzen, um ihr volles Potenzial auszuschöpfen. Dieser Purpose ist so tiefgründig gepflanzt (ich habe es erlebt, was es heißt, »verloren« zu sein), dass mich von meiner jetzigen Mission keiner abhalten kann. Und jedes Mal, wenn ich mit Menschen rede, die in derselben Lage sind, wie ich es in Spanien war, verstärkt sich mein Purpose. Daraus entstanden dann unter anderem die zwei Radrekorde. Es gab so viele Hürden auf dem Weg dorthin, so viele negative Stimmen, so viele Herausforderungen. Aber obwohl ich Angst vor dem Scheitern hatte, konnte mich nichts und niemand davon abhalten, es trotzdem zu probieren, weil ich genau wusste und weiß, warum ich mein Ziel verfolge.

Ganz praktisch: Was ist dein Purpose?

- Warum machst du das, was du gerade machst?
- Warum hast du dieses Ziel?

Das sind die wichtigsten Fragen, die du dir stellen kannst, um für Klarheit zu sorgen. Erfolg beginnt mit einem starken, unerschütterlichen Grund für dein Ziel.

Je öfter ich Ziele anstrebe, die für mich Bedeutung und Erfüllung haben, desto schwieriger wird es für mich, etwas zu verfolgen, hinter dem ich nicht stehe. Nein sagen fällt mir einfacher. Sicher, es gibt immer Dinge, die ich machen muss, aber besonders bei den Zielen, die Zeit und Energie benötigen, bin ich sehr vorsichtig geworden, einfach loszustürmen, ohne mir Gedanken darüber zu machen, WARUM ich etwas tun sollte. Dies ist besonders im professionellen Leben ein absolutes A und O.

Weißt du, was passiert, wenn du den Fokus auf Dinge legst, zu denen du eine starke Verbindung hast und die einen triftigen Grund und große Bedeutung für dich haben? Du hast mehr Zeit, mehr Energie und ein größeres Gefühl von Kontrolle und Sinn im Leben. Alles hat plötzlich Purpose, weil du weißt, warum du es tust.

Purpose ist ein starkes Wort. Oft löst es Angst aus, weil man das Gefühl hat, man muss doch wissen, was der eigene Sinn ist. Aber meiner Erfahrung nach ist der Purpose keine statische, sondern eine fluide, dynamische Wahrnehmung von sich selbst und der Welt. Die Motivationen hinter unseren Handlungen, Zielen oder Bestrebungen können sich über die Jahre verändern. Zudem gibt es verschiedene Ansätze, was mit Purpose gemeint ist und worauf der Fokus gelegt wird. Verschiedene Philosophen verdeutlichen die Unterschiede.

Jean-Paul Sartre: Sartre argumentierte, dass das Leben von Natur aus sinnlos sei und dass es an jedem Individuum liege, seinem Leben Sinn zu verleihen. Er betonte die Idee der Freiheit und Selbstbestimmung. Nach seiner Auffassung sollte man durch die bewusste Wahl und Umsetzung von Zielen und Werten seinen eigenen Sinn im Leben schaffen.

Friedrich Nietzsche: Nietzsche prägte den Begriff »Wille zur Macht« und betonte die Idee, dass der Antrieb zu Macht und Selbstbehauptung ein wesentlicher Bestandteil des menschlichen Lebens sei. Er ermutigte die Menschen, ihre eigenen Werte und Ziele zu schaffen und ihr Leben nach ihren eigenen Maßstäben zu bewerten.

Leo Tolstoi: Tolstoi war ein Verfechter der spirituellen Suche nach dem Sinn des Lebens. Er glaubte, dass die wahre Bedeutung des Lebens in der Religiosität und im Streben nach moralischer Vollkommenheit liege. Die Suche nach Gott und die Nächstenliebe waren für ihn zentrale Elemente der Sinnfindung.

Hildegard von Bingen legte großen Wert auf die Idee, dass das Streben nach einem ausgewogenen und gesunden Leben im Einklang mit den göttlichen Prinzipien steht. Für sie hatte das Leben einen tieferen spirituellen Sinn, der darin bestand, die göttliche Liebe zu erkennen, die in allem existiert. Ihr Ansatz war geprägt von einer mystischen Sichtweise, die die Einheit von Mensch, Natur und Gott betonte.

Albert Einstein: Einstein sah den Sinn des Lebens in der intellektuellen Neugier und dem Streben nach wissenschaftlichem Verständnis. Für ihn bestand der Sinn des Lebens darin, die Geheimnisse des Universums zu erforschen und zu verstehen.

Joseph Campbell: Campbell betonte die Bedeutung von Mythen und Geschichten bei der Sinnfindung. Er argumentierte, dass Mythen universelle Muster und Archetypen enthielten, die dem Einzelnen helfen können, seinen eigenen Lebenssinn zu finden. Campbell ermutigte die Menschen, nach ihrem eigenen »Heldenweg« zu suchen und ihre innere Reise zu gestalten.

Diese verschiedenen Perspektiven verdeutlichen, dass die Frage nach dem Sinn des Lebens eine persönliche und komplexe Reise ist. Die Antworten variieren je nach individuellen Überzeugungen, Erfahrungen und Kontexten. Jeder Autor und jeder Philosoph bringt seine einzigartige Sichtweise in die Debatte ein und es gibt keine allgemeingültige Antwort auf diese grundlegende Frage. Das mag unbefriedigend klingen. Allerdings – und das ist der wunderbare Kern des Ganzen – bietet es jeder Person, bietet es dir die Chance, *deinen* persönlichen Purpose zu definieren, ihn nach *deinen* Wünschen und Bedürfnissen zu gestalten und *dein* Leben zu leben.

4.1 So findest du deinen Purpose

Ich möchte dir zwei konkrete Impulse geben, die dir helfen, deinen Purpose zu entwickeln: Lerne deine **Motivationen** und deine **Werte** kennen. Wenn du weißt, warum du etwas machst (Motivation) und wofür du stehst (Werte), hilft dir das, deinen Purpose abzuleiten.

Deine Motivationen

Motivationen sind die Gründe oder Anreize, die dich dazu veranlassen, eine Handlung auszuführen, bestimmte Ziele zu verfolgen oder ein bestimmtes Verhalten an den Tag zu legen – also das WARUM deiner Handlungen. Motivationen können intrinsisch (innere Anreize wie persönliche Freude oder Interesse) oder extrinsisch (äußere Anreize wie Belohnungen oder die Anerkennung Dritter) sein. Die Identifizierung und das Verständnis von Motivationen sind entscheidend, um deine eigenen Ziele zu verstehen und sie erfolgreich zu erreichen.

Wie findest du heraus, was dich motiviert? Dazu gebe ich dir zwei Übungen an die Hand.

Ganz praktisch: Erstelle Motivationslisten

Übung 1 – die Alltagsliste: Fange mit deinem Alltag an.
- Was macht dir in der Arbeit Spaß?
- Was motiviert dich, weiter an einem Projekt zu arbeiten?
- Was machst du auch im privaten Kontext auf natürliche Weise, ohne dich aktiv dazu antreiben zu müssen?

Schreibe es in einer Liste auf, digital oder per Hand. Wichtig: Bewerte nicht, sondern lass deinen Impulsen und Gedanken freien Lauf.

Übung 2 – deine Motivationsliste: Diese Übung mache ich immer mit meinen Klienten bei ihrer Motivationssuche. Es ist eine Übung aus meinem Erfolgs-Mindset Onlineprogramm, das du über den QR-Code am Ende des Buches erreichst. Bitte schreib deine großen Lebensereignisse auf und notiere zudem, warum du es getan hast. (Normalerweise frage ich nach den Motivationen im Berufsleben, aber wenn es andere gibt, die für dich wichtig sind, inkludiere sie gerne.)
- Welche Fächer haben dir in der Schule gefallen?
  - Zum Beispiel: Ich habe Mathe geliebt, weil ich genau wusste, was richtig und was falsch ist im Gegensatz zum Beispiel zum Schulfach Deutsch.
- Warum hast du dich entschieden, nach der Schule ins Ausland zu gehen oder BWL zu studieren?

- – Zum Beispiel: Ich bin nach der Schule in die USA gezogen, weil ich Erfolg für mich mit Sport definiert habe und nicht wusste, was ich studieren wollte.
- Warum hast du deinen ersten Job aufgegeben?
- Warum hast du den zweiten Job nicht genossen?
- usw.
  - – Zum Beispiel: Ich habe die Uni gewechselt, weil ich mit dem Umfeld der ersten Uni absolut nicht klar kam.

Nimm dir für diese Übung wirklich Zeit (mindestens 20 bis 30 Minuten) und tauche in deine vergangenen Motivationen ein. Schreibe auch auf, wenn eine andere Person die Entscheidung für dich getroffen hat und warum. Am Anfang könnte es eine beängstigende Übung sein, aber es wird dich auch auf frühere Motivationen aufmerksam machen, die auf deinem Lebensweg durch externe Faktoren in den Hintergrund geschoben wurden. Versuche auch hier so neutral wie möglich vorzugehen. Be- und verurteile dich nicht.

Deine Werte
Das Wissen deiner Werte ist essenziell, um deinen Purpose zu definieren.

Werte

Werte sind prinzipielle Überzeugungen oder Maßstäbe, die das Verhalten, die Entscheidungen und die Einstellungen einer Person beeinflussen. Werte repräsentieren das, was als wichtig und erstrebenswert angesehen wird. Sie dienen auch als Grundlage für die Definition von Ethik und Moral.

Werte spielen eine entscheidende Rolle bei der Orientierung im Leben und bei der Festlegung von Prioritäten.

Ein paar Beispiele:
- **Integrität**: Ehrlichkeit und moralische Prinzipien in Handlungen und Entscheidungen.
- **Respekt**: Achtung vor anderen Menschen, ihren Meinungen und ihrer Privatsphäre.
- **Verantwortung**: Übernahme von Verpflichtungen und die Bereitschaft, für die Konsequenzen einzustehen.
- **Gerechtigkeit**: Fairness und Gleichbehandlung für alle.
- **Mitgefühl**: Empathie und Sorge für das Wohl anderer.
- **Zuverlässigkeit**: Verlässlichkeit und das Halten von Versprechen.
- **Durchsetzungsvermögen**: Beharrlichkeit und Entschlossenheit bei der Verfolgung von Zielen.
- **Selbstständigkeit**: Unabhängigkeit und Eigenverantwortung.

Wie findest du deine Werte?

Durch die Antworten in Bezug auf deine Motivationen und Schlüsselmomente hast du eine gute Basis, um deine Werte abzuleiten. Zudem erkennst du deine Werte, je nachdem wie du Prioritäten in deinem Alltag, aber auch für deine Ziele setzt. Wem oder was gibst du Vorrang? Du kannst die Frage auch umdrehen: Was müsste passieren, damit du deinen Job kündigst, dich scheiden lässt oder wegziehst? Die Antworten darauf basieren auf deinen Werten.

Ganz praktisch: deine Werte

- Kannst du zehn Werte nennen, nach denen du lebst?
- Kannst du zu jedem dieser zehn Werte ein Beispiel geben, wie du diesen Wert lebst?

Für mich ist beispielsweise ein Wert »positiv denken«. Um dies auch wirklich zu leben, prüfe ich mental, ob ich in dieser oder jener Situation einen positiven Blickwinkel habe. Zudem meide ich Menschen, die konstant negativ sind. Im folgenden Kapitel (4.2) beleuchten wir das Wertethema noch einmal aus einem anderen Winkel.

Von alteingesessenen Glaubenssätzen

Möglicherweise erkennst du aus den vorherigen Fragen zu deinen Werten auch, dass du alteingesessene Glaubenssätze hast, die aus deinem Elternhaus kommen und die du noch pflegst, aber merkst, dass sie nicht (mehr) deinen Werten entsprechen. Beispiel Geld: »Man sollte immer einen sicheren Job haben, um in die Rente einzuzahlen.« Beispiel Arbeit: »Homeoffice ist nicht möglich. Man muss doch Arbeit und Privates trennen.« Keiner der Glaubenssätze ist an sich falsch, aber es ist wichtig, dass es *deine* Glaubenssätze sind, damit du gegebenenfalls Änderungen vornehmen kannst – denn sie haben einen großen Einfluss auf deine Handlungen.

Glaubenssatz

Ein Glaubenssatz ist eine feste Überzeugung oder Annahme, die eine Person über sich selbst, andere oder die Welt im Allgemeinen hat. Diese Überzeugungen beeinflussen das Denken, Fühlen und Handeln und sind häufig tief in der Persönlichkeit verankert. Glaubenssätze können positiv oder negativ sein und spielen eine entscheidende Rolle in der Formung der Wahrnehmung und des Verhaltens einer Person.

Manchmal schleppen wir Glaubenssätze weiter mit, die eigentlich nicht mehr zu uns passen, weil sie Teil unserer Identifikation geworden sind und wir Angst haben, sie loszulassen, da wir sonst »gegen uns« gehen würden. Wir sind mit ihnen aufgewachsen und davon ausgegangen, dass sie auch für uns wahr sind. Sich zu- und einzugestehen, dass dem nicht so ist, könnte dazu führen, dass wir alle unsere Glaubensätze hinterfragen (müssen). Haben wir die ganze Zeit nach »falschen« Werten gelebt? Entsprechen unsere Glaubenssätze unseren Werten? Was ist für uns wirklich richtig und falsch? Diese Fragen können ordentlich am Grundgerüst unseres Verständnisses von uns und unserer Weltansicht rütteln. Dass wir uns dem dennoch stellen und Veränderung bis hin zu einem Neuanfang wagen, braucht Mut, Überzeugung – und Zeit.

Alles beginnt damit, dir dessen bewusst zu werden. Auch hier: Nimm den Stress heraus, bewerte die Erkenntnis nicht, nimm sie »einfach« erst einmal wahr – auch wenn es schwerfällt. Und dann, wenn du so weit bist, ja zu einer Veränderung zu sagen, frage dich, warum dieser alte Glaubenssatz nicht mehr mit dir in Einklang ist. Höre dir zu und freue dich über deinen Mut zur Reflexion.

Im nächsten Schritt geht es darum herauszufinden, welcher Glaubenssatz stattdessen für dich gilt und warum? Mache dir auch bewusst, wer deinen neuen Glaubenssatz unterstützt und wer nicht. Bist du okay mit den Menschen in deiner Umgebung, die deine neue Denkweise und Ansichten nicht unterstützen? Versuchen sie womöglich, dich davon abzubringen? Falls dem so ist, geht es womöglich darum, dich auch hier von Gewohnheiten, nämlich dem bisherigen Umgang mit diesen Personen, wenn nicht gar der Person selbst, zu verabschieden.

Ich bin aufgewachsen mit dem Glaubenssatz, dass Erfolg bedeutet, viel Geld zu verdienen und eine steile Karriere zu machen. Ein starker Glaubenssatz, mit dem ich über zehn Jahre zu kämpfen hatte. Ich bin hin- und hergeschwankt zwischen Entscheidungen, die diesem Glaubenssatz entsprochen haben wie die Karriere bei der Weltbank und später bei der IT-Firma, und Entscheidungen, die gegen diesen Glaubenssatz und für meine Leidenschaft gestimmt haben wie der Profiradsport und das Sportstudium. Glaubenssätze zu brechen ist nicht leicht und es braucht einen starken Willen und Fokus sowie auch Unterstützung, um neue Glaubenssätze zu etablieren. Aber es ist definitiv möglich. Was mir geholfen hat, war, mir klar zu werden, was mein Purpose ist. Was macht mich wirklich glücklich? Was soll die Essenz meines Lebens sein? Wie gesagt, auch dies kann sich über die Jahre ändern. Daher ist es gut, die Antworten regelmäßig zu überprüfen.

Beispiele aus dem Alltag: Umgang mit Geld

Eine meiner Klientinnen erzählte mir, dass sie ein Problem mit dem Bezug zu Geld hat. Sie ist aufgewachsen in einem Haushalt, wo nicht viel Geld zur Verfügung stand. Es ging immer darum, genügend Mittel zu haben, damit Essen auf den Tisch kam. Sie ist mit der Angst vor mangelndem Geld aufgewachsen und das lebte sie im Unterbewusstsein weiter. Zum einen hatte sie noch nie einen Finanzplan gemacht, weil sie unterbewusst Angst hatte zu merken, dass sie nicht genügend Geld hätte. Zum anderen würde sie niemals einfach den Job kündigen, weil ihr der Gedanke, ohne Einkommen zu sein, große Angst macht, obwohl sie genügend

Reserven für mehrere Monate ohne Job hätte. Ihr Glaubenssatz: »Geld ist wichtig. Man kann nie genug davon haben.«

Keine Frage, Geld ist wichtig, aber ebenso wichtig ist ein gesunder Bezug zu dem Thema. Und das fängt damit an, sich bewusst zu sein, was einem monetär eigentlich zur Verfügung steht und was nicht. Zunächst ist eine Baseline wichtig. Hast du diesen Status quo, kannst du auch *rationale* Entscheidungen treffen inklusive jener, ob es zum Beispiel finanziell möglich wäre, kurzfristig arbeitslos zu sein. Es gibt dir die nötige und vor allem realistische Übersicht über deine Finanzen. Erst wenn du die »rohen« Zahlen hast, kannst du realistisch weitere Entscheidungen und Möglichkeiten einschätzen. Vor allem aber kannst du deiner eher irrationalen Angst durch Fakten begegnen.

Eine andere Klientin hatte ein ähnliches Problem, als sie sich selbstständig machte. Sie wollte nicht wissen, wie viel sie wirklich verdient, da sie Angst hatte, sich selbst zu enttäuschen. Somit hat sie sich gar nicht damit beschäftigt. »Ignorance is bliss« (»Was ich nicht weiß, macht mich nicht heiß«) war ihre Devise. Eines Tages aber kam der Zeitpunkt, die Angst vor dem »Versagen« zu schlucken (obwohl sie noch nicht einmal definiert hatte, was Versagen für sie bedeutet) und sie sagte sich: »Egal, was da jetzt rauskommt, so ist es einfach. Ich werde damit umgehen können und weitermachen.« Danach fühlte ich sie sich deutlich besser. Anstatt ständig wegzuschauen ist sie endlich das Problem angegangen – ohne Ausreden und Verschönerungen.

Häufig ist dieser Weg die beste Lösung bei Ängsten und für die Veränderung von Glaubenssätzen, obwohl er brutal erscheint. Aber es ist meist ein kurzer Schmerz, weil du schnell merken wirst, dass du umgehend auf das Problem eingehen kannst. Mit meiner anderen Klientin haben wir dann auch einen Plan erstellt: Wie sind die Zahlen und was bedeuten sie für sie? Darauf aufbauend konnten wir Ziele definieren, die mit ihrer finanziellen Situation übereinstimmend waren.

4.2 Sei ehrlich zu dir selbst

Um die Frage nach deinem Purpose und deinen eigenen Ziele beantworten zu können, ist es wichtig, schonungslos ehrlich zu sein. Wir Menschen vermeiden gerne Selbstreflexion und widmen uns den oberflächlichen Fragen, bis es auf irgendeine Art und Weise dann doch nicht mehr geht. Ein Burn-out oder ein schreckliches Erlebnis öffnen uns die Augen, was wirklich im Leben wichtig ist oder dass wir es gar nicht wissen. Und spätestens dann landen wir doch wieder bei der Purpose-Frage: Warum tue ich das, was ich tue?

Warte nicht, bis es zu spät ist, sondern fange in kleinen Schritten an und stelle dir die Purpose-Frage zunächst bei weniger essenziellen Themen. Ein Beispiel: Dein sportliches Ziel ist die Teilnahme an einem Triathlon. Die Purpose-Frage: Warum will ich ihn machen? Weil alle meine Buddies bereits an einem teilgenommen haben und es mir ein Gefühl von Status gibt? Oder weil ich meine eigenen Grenzen testen möchte? Oder beides? Alle Antworten gelten. Aber: Für alle Antworten muss dein Grund stark genug sein, um das Training durchzuziehen und erfolgreich (in diesem Beispiel die Teilnahme, nicht automatisch der Sieg) und glücklich damit zu sein.

Ganz praktisch: Wie stark ist dein Purpose?

Mit folgenden Fragen kannst du herausfinden, ob dein aktuelles Ziel das richtige für dich ist:

- Woher kommt mein Ziel? Wie ist es entstanden?
- Bin ich mit Herz und Seele dabei, es zu erreichen?
- Was erhoffe ich mir, wenn ich es erreicht habe?
- Was muss passieren, damit ich aufhöre, es zu verfolgen?
- Fühle ich mich glücklich, den Weg zu diesem Ziel zu gehen?
- (Wie) Wachse ich durch dieses Ziel?

Es gibt keine richtigen und falschen Antworten. Sie verhelfen dir aber zu einer besseren, weil intensiveren Selbstreflexion. Fühlst du dich gut mit den Antworten? Fühlst du, dass du die Antworten »bist« und sie ausdrücken, wofür du stehst? Ja, da ist auch »Gefühlssache« dabei, aber Purpose kannst du eben nicht einfach rationalisieren. Er ist ein inneres Gefühl, dass nur du für dich beschreiben kannst.

Auf den Punkt

Den wahren Purpose zu finden, heißt, ehrlich mit dir zu sein.

Wenn du Angst vor der Suche hast

Ich hatte vor einiger Zeit ein Erstgespräch mit einer Klientin. Sie wollte beruflich in eine neue Branche wechseln, aber sie wusste nicht, in welche. Sie war im Gesundheitswesen tätig und hatte nun erst einmal ein BWL-Studium angefangen. Ich fragte sie, was sie mit dem Studium machen wolle. Ihre Antwort: »Das weiß ich noch nicht, aber ich habe gelesen, dass man danach viel machen kann.« Dann wollte ich von ihr wissen, was sie am liebsten machen würde, wenn Geld und Ausbildung egal wären. »Ich wäre gerne Ernährungsberaterin.« Ich fragte sie, warum sie dann BWL studiere. Sie antwortete, dass das mit der Ernährung doch eh irgendwie nicht klappen würde. Dieses Paradox erlebe ich oft (und habe es auch selbst erlebt): Wir verfolgen irgendein Ziel mit keinem genauen Plan, anstatt unserem Traumjob – oder einem anderen Traumziel – nachzugehen. Wir haben Angst, auf unserem eigentlich gewünschten Weg zu scheitern. Weil das fatal wäre, gehen wir doch lieber einen anderen – auch wenn er uns nicht guttut. Als wir weiter über ihren Traumjob redeten und erste kleine Schritte erarbeitet hatten, merkten wir beide, wie bei ihr die Angst nachließ. Ernährungsberaterin zu sein, wurde zu einem realistischen Weg für sie. Sie erkannte selbst, dass das BWL-Studium nur vorgeschoben war, um eine mutige Entscheidung zu meiden. Und entschied sich für die Weiterbildung in Ernährungsberatung.

Die Essenz, wenn du nach deinem Purpose suchst

- **Baue dir keinen Druck auf.** Der Purpose entwickelt sich, indem du dich selbst – geduldig – kennenlernst und in dich hörst. Wenn du dabei Stress empfindest, wird es deine Selbstreflexion blockieren.
- **Tue das, was dir Spaß macht.** Das ist der beste Indikator für deinen Purpose.
- **Denke nicht an das Ziel, sondern den Weg.** Du lernst dich am besten durch die Schritte kennen, die du gehst. Jede Erfahrung und jedes Erlebnis hilft dir, dich besser zu sehen und zu verstehen. Beschreibe nicht, was du machst oder machen möchtest, sondern was die Motivation dahinter ist (siehe die Übungen »Motivationslisten« am Kapitelanfang). Dein Purpose kann sich über die Jahre – mehrfach – ändern. Daher betrachte die Suche nicht als schwarzweiß, sondern als kontinuierlichen Weg, dich kennenzulernen.

4.3 Purpose für Führungskräfte

Um langfristige Motivation und Produktivität der Mitarbeitenden zu fördern, spielt der Purpose eine entscheidende Rolle. In meinen Teambuilding-Workshops stelle ich sehr direkte Fragen: Was motiviert dich, jeden Tag in die Arbeit zu kommen? Warum arbeitest du genau bei diesem Arbeitgeber? Denn es ist für alle Beteiligten wichtig zu verstehen, warum Mitarbeitende zur Arbeit kommen. Und dazu gehört nun einmal, die Arbeit(smotivation) kritisch und ehrlich zu hinterfragen. »Aber dann werden doch die Mitarbeitenden kündigen!«, könnte eine Führungskraft sagen. Richtig, aber willst du wirklich unmotivierte Mitarbeitende in deinem Team haben? Oder (warum) willst du nicht wissen, weshalb sie nicht engagiert sind – um dann etwas dagegen zu tun?

Damit Mitarbeitende diese Fragen positiv beantworten können, ist es eine zentrale Aufgabe der Führungskraft, ihnen diesen Purpose zu geben beziehungsweise sie dabei zu unterstützen, ihn zu finden. Was kannst du als Führungskraft beitragen, um deinen Mitarbeitenden das Gefühl von Sinnhaftigkeit bei der Arbeit zu geben? In der aktuellen Zeit gewinnen die Tätigkeit und die Auswirkungen, die sie mit sich bringt (positiv wie negativ), für Arbeitnehmende zunehmend an Gewicht, im Vergleich zu anderen Faktoren wie beispielsweise dem Gehalt. Wie also kannst du als Führungskraft diesen Purpose (mit)gestalten? Hast du die Möglichkeit, die Werte des Unternehmens und deines Teams zu leben und mit umzusetzen? Kannst du deinem Team (mehr) Verantwortung geben? Kannst du das Teamgefühl fördern? Dies sind ein paar Ansätze, um den Purpose auch über den beruflichen Kontext hinaus zu festigen.

Zudem wird die Company Culture ein zunehmend wichtiger Faktor für den Purpose aller Mitarbeitenden. Eine – konstruktive – Unternehmenskultur bezieht sich auf gemeinsame Werte, Normen, Verhaltensweisen und Überzeugungen, die die Art und Weise definieren, wie Menschen in einem Unternehmen miteinander interagieren und wie sie ihre Arbeit wahrnehmen. Die Unternehmenskultur prägt die Arbeitsumgebung, beeinflusst die Entscheidungsfindung, fördert die Zusammenarbeit (oder eben nicht) und wirkt sich auf das Engagement und die Zufriedenheit der Mitarbeitenden aus. Sie ist ein wesentlicher Bestandteil der Identität eines Unternehmens. Leider nehme ich häufig wahr, dass vieles Augenwischerei oder Floskeln sind. Die Mission und die Werte bleiben Worte auf dem Papier. Das ist gleich zweifach schädigend. Zum einen ist es enttäuschend für einen Mitarbeiter, dass die Werte, die ihn dazu bewogen haben, zu der Firma zu gehen, nicht gelebt werden. Zum anderen könnte er sich hintergangen fühlen und sich fragen, was nur erzählt, aber nicht umgesetzt wird.

Die Bedeutung von Werten, Unternehmenskultur und Sinnhaftigkeit ist für die Generation Z oft besonders hoch. Die Gen Z, also diejenigen, die in den späten 1990er- und frühen 2000er-Jahren geboren wurden, zeigt ein starkes Interesse an einem sinnstiftenden Arbeitsumfeld. Unternehmen, die verstehen, wie sie diese Werte in ihre Kultur integrieren können, sind besser in der Lage, talentierte Arbeitnehmende dieser Generation anzuziehen und zu binden.

Auf den Punkt

Als Führungskraft ist es ausschlaggebend, die Werte und Mission der Firma zu vertreten und zu leben. Nur dann ist sie authentisch, wird von den Mitarbeitenden angenommen und kann auch ihren eigenen Purpose daraus entwickeln.

Deinen eigenen Purpose zu definieren – und das gilt für jede Person, nicht nur in einer Führungsrolle – und ihn zu verfolgen, beginnt damit, dich selbst gut zu kennen. Aber wie kannst du dich selbst gut kennen, wenn du dich selten gefragt oder dich nie hinterfragt hast? Genau darum geht es bei dem nächsten P: dem Potential.

5 Potential: Erkenne deine Stärken

Wann hast du dich zuletzt gefragt, worin du gut bist?

Erfolg beginnt damit, deine Stärken zu erkennen und sie anzuwenden. Wann hast du dich das letzte Mal damit auseinandergesetzt, was deine Stärken sind? Das ist das Fundament, um dich weiterzuentwickeln. Denn wie kannst du dein volles Potenzial für deine Ziele einsetzen, wenn du nicht weißt, was deine Fähigkeiten sind? Es geht darum herauszufinden, was dich ausmacht, was du bereits kannst und was du noch erreichen möchtest. Die Definition deines Purpose (Kapitel 4) wird stärker und tiefgründiger, je besser du dich kennst.

Ganz praktisch: Erkenne deine Stärken

Finde einen ruhigen Platz. Setze den Timer auf fünf Minuten. Nimm dir ein Blatt Papier und schreibe innerhalb dieser fünf Minuten 20 deiner Stärken auf.

Kommst du auf 20 Stärken innerhalb so einer kurzen Zeit? Wenn ja, dann bist du Teil einer kleinen Minderheit. Für alle Stärken, die du aufgeschrieben hast, umkreise anschließend jene, die du für dein jetziges Ziel benutzt. Wie viele Stärken bleiben übrig?

Die meisten finden diese Übung – gerade beim ersten Mal – sehr schwierig, weil sie sich diese Frage lange nicht oder noch nie gestellt haben. Möglicherweise fühlt es sich auch komisch an, dir selbst Stärken zuzuschreiben, da wir gelernt haben, bescheiden zu sein. Wer sich selbst »lobt« – wobei es lediglich um eine selbst-bewusste Einschätzung geht –, wird schnell als arrogant abgestempelt. Also halten wir uns lieber klein und denken erst gar nicht darüber nach, was wir dank unseres Potenzials alles erreichen könnten. Doch diese Denkweise ist fatal für Erfolg.

Wenn du dich klein schreibst, legst du dir eine große Hürde in den Weg. Das Wichtigste für jedes Ziel ist es, überzeugt von dem Ziel selbst zu sein (Purpose) und gleichzeitig zu wissen, dass du das Potenzial hast, es zu schaffen (Potential). Dabei geht es nicht darum, alles zu wissen und zu können. Es geht darum, das Selbstbewusstsein zu haben, dich dem Weg zu stellen und zu sagen: »Ich kann vielleicht noch nicht alles, um dieses Ziel zu erreichen, aber ich habe das Potenzial zu lernen und daran zu wachsen, um dieses Ziel erfolgreich zu verfolgen.« Genau dafür ist die obige Übung gedacht. Mache sie erst einmal für dich – und gewöhne dich an das gute Gefühl, dass du mehr Stärken in dir trägst, als dir bisher klar war.

Tatsächlich arbeite ich mit vielen Menschen, die sich nicht als »Erfolgsjäger« sehen, aber dennoch das Bedürfnis haben, sich zu entwickeln und weiterzukommen. Und genau deswegen suchen sie eine neue (meist berufliche) Herausforderung. Es geht ihnen häufig gar nicht um den gesellschaftlich genormten Erfolg. Sie wollen einfach entdecken, was es sonst noch so gibt in der Welt.

Diese Wachstums-Denkweise erlaubt dir, Fehler zu machen, vielleicht auch mal einen Schritt zurückzugehen. Sie erlaubt dir, okay damit zu sein, dass du nicht alles weißt und kannst. Das nimmt den Druck raus und erzeugt ein Gefühl von positiver Aufregung – wie ein kleines Kind, das den Strand und das Wasser entdeckt. Kein Kind kann sofort hineinspringen und schwimmen – aber es kann es neugierig lernen. Anstatt das Neue mit Angst zu erfahren, freust du dich zu lernen, daran zu wachsen und dein Potential schrittweise zu erkennen, was du alles noch machen kannst. Du empfindest den Weg als positiv und bereichernd, nicht als beängstigend und entkräftend.

Entwickle ein Mindset, das eine Wachstums-Denkweise hervorhebt
Einfach umschalten ist schwierig. Es ist ein Prozess, der Übung erfordert. Zuerst ist es wichtig zu verstehen, warum du bisher deinen Fokus nicht auf deine Stärken gelegt hast. In unserer Gesellschaft haben wir die Tendenz, lieber unsere Schwächen offenzulegen als die Stärken. Und selbst wenn wir ein Lob erhalten, ist es uns häufig eher peinlich und wir spielen es herunter. Da ist es eine logische Folge, dass wir uns in dieser (Denk-)Umgebung erst gar nicht mit unseren Stärken beschäftigen. Ein anderer Grund ist (ähnlich wie beim Purpose, Kapitel 4), dass wir vermeiden, uns auf uns zu konzentrieren. Es gibt so viel Ablenkung in der Welt (siehe auch Perspective, Kapitel 7), dass wir uns nicht mehr mit uns beschäftigen müssen oder können. Allerdings – und daran führt kein Weg vorbei – fängt Erfolg nun einmal mit dir an. Erst wenn du weißt, wer du bist, was du kannst, was dich motiviert und für was du stehst, kannst du dir Ziele setzen, die genau dir entsprechen. Und selbst wenn du dir nicht alle Ziele selbst setzen kannst, zum Beispiel im beruflichen Kontext, dann kannst du trotzdem deine Stärken für diese vorgegebenen Ziele nutzen. Manchmal sind es Kleinigkeiten, die du in deinem beruflichen Alltag verändern oder einbauen kannst, um dein Potential anzuwenden. Und wer auch die Stärken anderer anerkennt und ihnen die Möglichkeiten gibt, sie einsetzen zu können, gestaltet eine Win-Win-Situation.

Finde heraus, was dich ausmacht
Vor einiger Zeit hatte ich ein Gespräch mit einer Klientin, die nicht wusste, was sie mag und was nicht. Sie trage meistens die Entscheidungen anderer mit. Wenn sie sich aber selbst frage, ob sie nicht lieber etwas anderes machen würde, wüsste sie noch nicht mal, was sie wirklich wolle. Das war für mich nachvollziehbar. Sie hatte sich über Jahre hinweg konditioniert, sich *nicht* zu fragen, was sie will. Sie war immer Mitläuferin – so brutal die Wahrheit auch klingen mag. Das Dilemma, in dem sie sich befand, und da ist

sie bei Weitem nicht allein: Wie soll man herausfinden, was man will, wenn man es sich nie gefragt hat und sich fühlt, als hätte man keine eigene Meinung?

Doch das ist der Trugschluss, denn: Du hast eine Meinung. Du drückst sie bisher vielleicht nur nicht als Meinung aus, sondern eher in Gefühlen. Und das ist völlig in Ordnung. Wichtig ist, dass du dich darin erkennst und mehr und mehr kennenlernst. Fühlst du dich wohl mit dem, was du machst? Fühlst du dich unwohl? Warum? Bist du motiviert in der Aktivität? Langweilt sie dich? Bringen dich bestimmte Sachen auf die Palme? All die Antworten sind Indikatoren, was du magst und was du nicht magst. Das schafft dir Bewusstsein über dich selbst. Wie fühlst du dich in bestimmten Situationen? Aus diesen Erkenntnissen ergibt sich auch die Identifizierung deiner Stärken. Diese Übung hat meine Klientin sehr bewusst gemacht und sie konnte anschließend klar mitteilen, was sie mag und nicht mag und daraus auch Meinungen bilden.

Ganz praktisch: Identifiziere deine Stärken

Selbstreflexion: Nimm dir Zeit, um über deine vergangenen Erfahrungen und Leistungen nachzudenken. Wann hast du dich gut und sicher gefühlt? Was macht dir Freude und erfüllt dich? Identifiziere die Fähigkeiten und Qualitäten, die in solchen Momenten zum Tragen kommen.

Feedback einholen: Bitte deinen Freundeskreis, Familie, Kollegen oder Vorgesetzte um ehrliches Feedback. Wofür erhältst du oft positive Rückmeldungen? Oft haben andere Menschen eine neutrale, klare Sicht auf deine Stärken und können dir wertvolle Einblicke geben.

Talente und Leidenschaften erkunden: Identifiziere deine Talente und Leidenschaften. Was fällt dir leicht? Wofür begeisterst du dich? Die Dinge, die du gerne tust und gut kannst, sind oft ein Hinweis auf deine Stärken.

Berufliche und persönliche Erfolge analysieren: Denke an deine bisherigen Erfolge, sei es im Beruf, in der Schule oder im privaten Leben. Was hast du getan, um diese Erfolge zu erzielen? Welche Fähigkeiten und Eigenschaften haben dazu beigetragen?

Ausbildung und Weiterbildung: Auch Schulungen oder Weiterbildungen können dir helfen, deine Fähigkeiten und Stärken besser zu erkennen und weiterzuentwickeln.

Das Erkennen – und Akzeptieren – deiner Stärken ist ein fortlaufender Prozess. Er wird Zeit in Anspruch nehmen. Aber je mehr du dich darauf konzentrierst, desto gezielter kannst du dein Potential in deinem Leben und für deine Ziele anwenden.

5.1 Impostor-Syndrom und Selbstzweifel

Das Impostor-Syndrom, das Hochstapler-Syndrom, ist ein psychologisches Phänomen, bei dem eine Person das anhaltende Gefühl hat, trotz nachweisbarer Erfolge oder Qualifikationen nicht kompetent zu sein. Betroffene haben das irrationale Gefühl, dass sie als Betrügende entlarvt werden könnten, obwohl objektive Beweise etwas anderes zeigen. Es tritt häufig in beruflichen oder akademischen Umgebungen auf und kann zu Stress und Angst führen. Warum sollte gerade ich die neue Position erhalten? Warum sollte gerade ich mehr wissen oder besser sein als andere? Fragen, die Selbstzweifel aufwerfen und Erfolge von Anfang an nahezu unmöglich machen. Besonders Frauen tendieren dazu, sich nicht als qualifiziert zu sehen, obwohl sie es objektiv betrachtet sind. Der Umgang mit Bewerbungen ist dafür – leider – ein eindeutiges Beispiel, wie Felix Keßler in seinem Artikel »Frauen zaudern, Männer bewerben sich einfach mal« zeigt (Keßler, 2019).

> **Auf den Punkt**
>
> Die Kenntnis deiner Stärken hilft dir, dir deinen eigenen Wert klarzumachen. Du kannst viel mehr, als du denkst.

Ein Geschäftsführer erzählte mir, dass eine Senior-Management-Position frei wurde und es in seinem Team drei Frauen und einen Mann gab, die sich aufgrund ihrer Fähigkeiten darauf bewerben konnten. Der Mann tat es, die Frauen nicht. Was möchte ich damit sagen? Viele Menschen, häufig immer noch Frauen, geben sich erst gar nicht die Möglichkeit, Erfolg anzustreben. Sie hängen in alten, destruktiven Glaubenssätzen fest (»Ich kann das nicht gut genug« – »Der andere ist doch viel besser« – »Ich habe eh keine Chance«) und berauben sich damit jeglicher Möglichkeit, Erfolg zu haben. Die kritische Frage: Ist es das, was du willst? Aufgeben, ohne es versucht zu haben? Oder ist es nicht besser, deine Stärken herauszufinden, sie anzuwenden und dein Selbstbewusstsein wachsen zu sehen?

5.2 Fokus: Stärken statt Schwächen

Weil wir uns häufig so sehr auf unsere Schwächen fokussieren, möchte ich dieses Thema zumindest kurz anreißen. Wir sollten unsere Schwächen nicht ignorieren, aber meiner Ansicht nach sollte der Schwerpunkt nicht darauf liegen, unsere Lebenszeit darauf zu verwenden, sie auszumerzen. Das wäre Verschwendung unsere Talente und Stärken. Sowieso ist kein Mensch perfekt. Und wer kann sich schon herausnehmen, flächendeckend zu definieren, was Schwächen sind? Wir Menschen sind nicht perfekt, jede Person hat Ecken und Kanten. Zentral ist: Gehe ehrlich mit dir selbst um und entwickle ein authentisches Selbstbewusstsein. Denn wenn du dich konstant darauf fokussierst, was du nicht kannst und dich in allen Bereichen »schlecht« machst, dann verpasst du die wunderbare Möglichkeit, in etwas »besonders gut« zu sein.

5.3   Selbstbewusst oder arrogant?

Oft wird Selbstbewusstsein mit Arroganz gleichgestellt, dabei gibt es große Unterschiede. Selbstbewusstsein heißt, dir deiner selbst bewusst zu sein, deine Fähigkeiten zu kennen und sie zu schätzen. Arroganz hingegen ist eine unrealistische Einschätzung, häufig Überschätzung der eigenen Fähigkeiten und stellt meist nur an der Oberfläche Selbstbewusstsein dar. In vielen Fällen ist Arroganz ein Verhalten, um fehlendes Selbstbewusstsein auszugleichen. Und das wird nicht selten erkannt – und umgehend negativ bewertet. Aber auch selbstbewusste Menschen müssen sich oft anhören, dass sie arrogant wirken. Das ist leider ein Abbild unserer Gesellschaft, die noch nicht damit klarkommt, dass man sich seiner eigenen Fähigkeiten bewusst sein darf. Zudem kann es auch Rückschlüsse über eine Person A geben, die eine selbstbewusste Person B als arrogant einstuft: Vielleicht hat Person A selbst wenig Selbstbewusstsein und kommt mit dem Selbstbewusstsein von Person B nicht klar: »Ich mache dich klein, um mich nicht klein zu fühlen.«

5.4   Meinungen anderer besser einordnen

Wir leben in einer Welt, in der wir ständig viele Meinungen hören – persönlich oder virtuell, direkt oder indirekt. Um diese einschätzen und (aus)sortieren zu können, ist folgende Frage relevant: Von wem kommt das Feedback und warum? Natürlich ist es gut, dich und dein Verhalten zu reflektieren. Aber wenn du jedes Verhalten und jede Meinung anderer analysierst, zehrt das an deinen Kräften, verunsichert dich und dein Selbstbewusstsein kann ins Wanken geraten. Und bevor du so manches auf die Goldwaage legst, ist es wichtig, zuerst dein eigenes Verhalten zu verstehen. Bin ich okay damit, wie ich in dieser oder jener Situation agiere und reagiere (und zwar unabhängig von den Meinungen anderer)? War das wirklich ich? Wenn ich mich so verhalte, wie ich bin und mich damit gut fühle und jemand anderes ist nicht damit einverstanden, interessiert mich das?

Falls dich die Meinung einer anderen Person interessiert, ist die erste Frage: Was ist ihre Motivation? Meint sie es wirklich gut mit dir oder gibt es andere Beweggründe für ihr Verhalten oder ihr Feedback? Sind Eifersucht oder Missgunst im Spiel oder geht es um konstruktive Kritik? Dieser Gedankenprozess mag mühsam sein, aber er setzt gesprochene Worte in einen Kontext. Allerdings: Bevor du dich in deinen eigenen Interpretationen verlierst, gehe in die Kommunikation und finde heraus, was die Person motiviert, ihre Meinung kundzutun. Berücksichtige auch, welcher Ton da gerade welche Musik macht und sprich auch das an – vor allem, wenn es dich behindert oder verletzt.

Wenn du die Situation und Hintergründe einer Person verstehst, kannst du besser einordnen, ob du etwas persönlich nehmen solltest oder nicht. Das hilft auch, dich von – vor allem destruktiver oder haltloser – Kritik abzugrenzen (mehr dazu in Kapitel 8, People). Leider gilt in dem Kontext auch: Je erfolgreicher du bist, desto mehr Menschen wird es geben, die das nicht gut finden und dir neiden. Dich davon nicht unterkriegen zu lassen, ist essenziell für dein Erfolgs-Mindset.

5.5 Konzentriere dich auf dich

Neid und Eifersucht sind Teil des Menschseins. Wir vergleichen uns, ob wir wollen oder nicht, und landen dann gegebenenfalls bei diesen Emotionen. Das hat auch evolutionäre Gründe. »Neid erwächst aus dem grundlegenden menschlichen Bedürfnis, sich selbst für wichtig und wertvoll zu halten. Außerdem sind wir bestrebt, unsere Position in der sozialen Hierarchie zu verbessern. Waren wir in einer Gruppe unterlegen, bedrohte das, evolutionär betrachtet, unseren Überlebens- und Fortpflanzungserfolg.« (Hartmann, 2022). Was uns im Neidkontext schadet, ist, wenn wir uns destruktiv mit aus unserer Sicht »besseren« Personen, Umständen oder Dingen vergleichen – was nichts bewirkt, außer dass es an unserem Selbstbewusstsein nagt. »Herr X hat viel mehr Geld als ich.« – »Frau Y ist viel hübscher.« Du kannst immer etwas Besseres in anderen finden. Das schadet aber nicht nur deinem Selbstbewusstsein, sondern auch den Beziehungen zu anderen Personen, weil du ihnen gegebenenfalls nicht vertraust und keine tiefere Bindung aufbauen kannst. Wie kannst du damit umgehen? Wie kannst du aufhören, dich mit anderen Menschen zu vergleichen – vor allem, wenn es dich nicht motiviert, sondern bremst?

Die Antwort ist einfach formuliert, der Weg dahin erfordert Geduld: Lerne, mit dir zufrieden zu sein, deine Stärken und Schwächen als das zu nehmen, was sie sind: du selbst. Erst beide »in Kombination« machen dich aus (»Nobody is perfect!«). Und auch hier ist das Bewusstsein deiner selbst zentraler Ausgangspunkt. Entdecke und wertschätze deine Stärken. Behalte gleichzeitig den Fokus auf deine Ziele. Daher ist ein starker Purpose auch so wichtig. Wenn du überzeugt von deinem Purpose und deinen Zielen bist, dann lässt du dich von den Zielen und – nur scheinbar besseren – Potenzialen anderer auch nicht ablenken. Wenn du dazu tendierst, neidisch zu werden, kannst du dem entgegenwirken, indem du dich auf dich und deine Ziele konzentrierst und für dich Erfolg, Erfüllung und Glücklichsein definierst und diese anstrebst. In der Praxis könnte das heißen, dich – zumindest für eine Weile – von Social Media (die »perfekten« Vergleichsportale) zu distanzieren, bis du den Selbst-Fokus verinnerlicht hast.

5.6   Baue dein Selbstbewusstsein Schritt für Schritt auf

Dein Selbstbewusstsein kann nur aus dir kommen. Keine andere Person weiß oder kann entscheiden, wie du dich fühlst, woran du authentisch glaubst, was dich frustriert und enttäuscht oder belebt und motiviert. Und da ein gesundes Selbstbewusstsein so wichtig für dein gesamtes Leben und auch dein Erfolgs-Mindset ist: Nimm dir Zeit, deine persönliche Quality time. Befasse dich mit deinen Stärken, mit deinen Werten und Motivationen – und zwar in einer Umgebung, in der du dich wohl fühlst.

Für mich war es zum Beispiel das Reisen. Ich war viel allein unterwegs, habe die Welt erkundet – und mich gleichzeitig selbst kennengelernt. Die Reisen und langen Aufenthalte in anderen Ländern haben mir gezeigt, dass ich allein auf den Beinen stehen und mich in der Welt bewegen kann. Sie gaben mir Eigenverantwortung, Power über meine eigenen Entscheidungen und ein Verständnis von dem, was ich brauche und nicht brauche. Sie haben mich auch verschiedene Kulturen gelehrt und damit ein Verständnis für Werte und Normen unterschiedlicher Gesellschaften. Sie schenkten mir wortwörtlich eine Weitsicht, wie bunt und divers die Welt ist. Alles in allem haben diese Erfahrungen mein Bewusstsein über mich selbst geschärft.

Auf den Punkt

Wenn du dich besser kennenlernen möchtest, ist es wichtig, eine Situation zu schaffen, die dich aus deiner Komfortzone bringt, in der du mit neuen Menschen und am besten nichts mit dem Alltag zu tun hast. Dies kann eine längere Reise sein ebenso wie kleine Schritten im Alltag, zum Beispiel mit einer neuen Bekannten einen Kaffee trinken, eine Networking-Gruppe besuchen, eine unbekannte Sportart ausprobieren. Wichtig ist, dich nicht zu be- und verurteilen, sondern diese neuen Erlebnisse als Möglichkeit zu sehen, dich selbst besser kennenzulernen. Du wirst erstaunt sein, welch große Auswirkungen diese Veränderungen haben können.

Stelle dir folgende, positiv ausgerichtete Fragen. Gehe sie mit Leichtigkeit an, denn unter Stress wirst du keine ehrlichen Antworten finden. Du gibst dein Tempo vor.

Ganz praktisch: Fragen zu deinem Potential

- Wer bin ich?
- Wofür stehe ich?
- Was motiviert mich?
- Was möchte ich erreichen?

Nimm dir Zeit und beschäftige dich mit dir und deinen Motivationen. Wir leben in einer Welt mit so vielen Ablenkungen, dass wir keine Zeit mehr für uns haben beziehungsweise sie uns nicht nehmen. Auch das kann das Selbstbewusstsein beeinträchtigen.

Es kann zu einem verzerrten Selbst-Wahrnehmungsbild führen, da du gegebenenfalls bestimmte Ansichten über dich selbst hast, die aber eigentlich nicht stimmen, weil du seit Langem oder vielleicht auch gar nicht mit dir gecheckt hast, ob sie wirklich auf dich zutreffen.

Mache dir auch bewusst, ob du schlecht über dich selbst denkst und redest. Überlege dir, in welchen Situationen und warum du das tust. In einem weiteren Schritt nimm dir als Ziel, diese negative Selbstansicht zu stoppen.

Auf den Punkt

Wenn du den Fokus auf deine (von dir so eingestuften) Schwächen, Probleme und Hürden legst, dann lebst du auch problemorientiert. Wenn du dich hingegen auf positive Erfahrungen, Stärken, Ziele und Möglichkeiten konzentrierst, wirst du deinen Weg mit Motivation und Engagement gehen.

Dabei geht es nicht darum, alles durch die rosa Brille und in Regenbogenfarben zu sehen, sondern deine, wenn man bedenkt recht kurze Zeit, die du auf der Erde hast, in etwas Gutes zu verwandeln. Wenn du eine positive Einstellung hast, überträgt sie sich auch auf deine Einstellung zu dir selbst.

Ein weiterer Tipp: Umgib dich mit Menschen, die dich schätzen. Deine Umgebung kann einen sehr großen Einfluss auf dein Selbstbewusstsein haben. Wenn dir konstant gesagt wird, welche Schwächen und Fehler du hast, dann glaubst du es irgendwann. Daher ist es sehr wichtig, Abstand zu diesen Menschen zu bewahren. Umgib dich stattdessen mit Personen, die dich so nehmen, schätzen und fördern, wie du bist (Kapitel 8, People) und damit deine positive Selbstwahrnehmung stärken.

5.7 Wer bin ich? Was kann ich? Wofür stehe ich? – Bleibe deinen Werten treu

Im letzten Kapitel haben wir über die Definition von Werten geredet. Diesen auch treu zu bleiben ist essenziell für dein Selbstbewusstsein und Selbstwertgefühl.

Als ich mich das zweite Mal selbstständig machte, hatte ich unter anderem eines aus meiner ersten gescheiterten Selbstständigkeit gelernt. Für mich war es nun wichtig, dass ich finanziell sicher aufgestellt war. Somit übernahm ich in meinem ersten Jahr des zweiten Anlaufs in die Selbstständigkeit eine temporäre Freelancer-Tätigkeit im Rahmen einer Mutterschaftsvertretung. Es war eine 80-Prozent-Stelle für ein Jahr. Perfekt, dachte ich, da ich ein Jahr ein stabiles Einkommen hatte und trotzdem genug Zeit, um mein Business aufzubauen. Das war die Theorie. Die Praxis sah allerdings so aus, dass ich innerhalb weniger Monate feststellte, dass die Chefin des Teams, in dem ich arbeitete, extremes Mobbing gegenüber ihren Mitarbeitenden betrieb – auch ich als externe Person musste darunter leiden. Es hat mein ganzes Leben überschattet. Ich hatte Angst vor Meetings, habe mir viele Sorgen gemacht und schlecht geschlafen. Es ging psychisch definitiv in die falsche Richtung. Und es waren zu dem Zeitpunkt erst drei Monate vergangen. Ich stand vor einer schweren Entscheidung. Sollte ich versuchen, mich mental von dem Ganzen abzukapseln, mein monatliches Gehalt erhalten und mich auf mein Business fokussieren – obwohl ich auch da große Probleme hatte, da mein Kopf mit der Freelancer-Tätigkeit beschäftigt war? Oder sollte ich kündigen mit dem Risiko, dass die zweite Selbstständigkeit auch nicht funktioniert und ich somit wahrscheinlich wieder in das Angestelltenverhältnis müsste. Es war eine sehr schwere Zeit, weil ich mich fühlte, als ob mir der Teppich unter den Füßen weggezogen würde. Ich hatte den perfekten Plan für mein neues Business und ein wichtiger Faktor, der finanzielle Part, wurde zum Albtraum. Aber es wurde mit dem Mobbing zu viel und ich kündigte. Meine psychische Gesundheit sollte niemals so leiden und mein Selbstwert sollte niemals von jemandem in Frage gestellt werden. Zwar war ich dann erst einmal ordentlich unter Druck, mein Business halbwegs auf die Beine zu stellen, aber das Gefühl, frei zu sein und zu wissen, dass ich für mich und meine Werte einstand, war unbezahlbar. Respekt ist ein essenzieller Wert für mich. Wenn dieser nicht geschätzt wird, ziehe ich Konsequenzen – und das inzwischen deutlich leichter ohne Zweifel.

Diese Geschichte soll verdeutlichen, wie wichtig es ist, deine Werte zu kennen und sie auch zu leben. Für was stehst du? Was ist dir wichtig? Wofür würdest du deinen Job kündigen, dich scheiden lassen oder wegziehen? Deine eigenes persönliches Wertesystem zu kennen und diesem treu zu bleiben ist unerlässlich für dein Selbstbewusstsein und dein Selbstwertgefühl. Werte geben uns Halt und Orientierung, besonders in schwierigen Zeiten. Wenn wir ihnen nicht treu bleiben, kann dies zum Beispiel zu Unzufriedenheit oder fehlendem Respekt vor sich selbst und anderen führen. Andersherum – und motivierend – formulierte es der Philosoph und Schriftsteller Ralph Waldo Emerson bereits im 19. Jahrhundert: »Du selbst zu sein in einer Welt, die dich ständig anders haben will, ist die größte Errungenschaft.«

Und auch hier wird es dir helfen, dich mit Menschen zu umgeben, die denselben oder ähnlichen Werten folgen – im Sinne einer Wertegemeinschaft, die auf gemeinsamen Grundüberzeugungen beruht.

Wertesystem

Ein Wertesystem sind die grundlegenden Überzeugungen und Prinzipien, die das Verhalten und die Entscheidungen einer Person leiten. Es umfasst moralische und ethische Standards sowie persönliche Vorstellungen von Richtig und Falsch, die individuell definiert sind und oft auf Erfahrungen, Erziehung und persönlichen Überzeugungen basieren.

Dieses P, dein Potential, ist ein Schlüsselfaktor, der besonders viel Energie in Anspruch nimmt. Doch es kommt ein kraftvolles Aber: Diese Energie lohnt sich, denn hier geht es um dein tiefstes Ich. Mit den Fragen »Wer bin ich?«, »Was kann ich?«, »Wofür stehe ich?« beschäftigen wir uns nicht alltäglich. Daher ist es besonders wichtig, dir für die Antworten ausreichend Zeit und Energie einzuräumen. Es gibt kein richtig und es gibt kein falsch. Aber wichtig ist es, ehrlich mit dir zu sein. Wenn du dich selbst kennst und anerkennst, hast du eine starke Basis für dein Selbstbewusstsein und deine Ziele. Da kann dich so schnell keiner und nichts mehr erschüttern. Und auch mit Ängsten und Sorgen wirst du leichter umgehen und kannst deine Vorstellungen von *deinem* Leben deutlich klarer definieren und verfolgen.

5.8 Potential der Führungskräfte

»Wer bin ich?« – »Was kann ich?« – »Wofür stehe ich?« Diese Fragen sind genauso relevant für dich als Führungskraft. Wie kannst du deine Stärken einsetzen? Wofür stehst du? Bleibst du deinen Werten treu? Hast du deine Stärken und Werte für dich und in deiner Rolle als Führungskraft bereits definiert? Ist dein Bewusstsein über dich selbst im Einklang mit deiner Rolle? Als Führungskraft wird das Selbstbewusstsein doppelt herausgefordert – als Mensch und in der Rolle des Leaders. Umso wichtiger ist es zu wissen, wofür du stehst – um es auch authentisch (vor)leben zu können.

In meinen Teambuilding-Workshops wird das Thema Stärken für Mitarbeitende immer sehr tiefgründig bearbeitet. Das ist oft das P, mit dem sich die Teilnehmenden im Workshop am meisten beschäftigen, weil sie es während ihrer Arbeitszeit nicht tun. Und genau hier kannst auch du ansetzen. Kennst du die Stärken deiner Mitarbeitenden? Hast du sie gefragt, was sie als ihre eigenen Stärken identifizieren? Wie kannst du als Führungskraft deinen Mitarbeitenden helfen, ihre Stärken zu definieren? Und wie kannst du in deiner Rolle die Stärken deiner Mitarbeitenden fördern und einsetzen?

Es gibt verschiedene Ansätze, wie du als Führungskraft die Stärken deiner Mitarbeitenden identifizieren kannst:

Regelmäßige Kommunikation: Durch regelmäßige Gespräche und offene Kommunikation mit den Mitarbeitenden – in Einzel-, Team- sowie Gruppengesprächen – wirst du mehr über ihre Fähigkeiten und Stärken erfahren.

Zuweisung von Aufgaben: Indem du unterschiedliche Aufgaben und Projekte zuweist, kannst du beobachten, wie gut ein Mitarbeiter bestimmte Aufgaben bewältigt und welche individuellen Fähigkeiten er besonders gut einsetzt.

Feedback: Konstruktives Feedback trägt dazu bei, dass Mitarbeitende ihre Stärken besser erkennen und weiterentwickeln.

Selbsteinschätzung: Du kannst deine Mitarbeitenden dazu ermutigen, ihre eigenen Stärken zu reflektieren. In einem offenen Dialog in entspannter Atmosphäre führst du sie zur Selbsterkenntnis.

Beobachtung: Durch sorgfältige Beobachtung des Arbeitsverhaltens und der Leistung der Mitarbeitenden kannst du Muster erkennen, die auf bestimmte Stärken hinweisen.

Mitarbeiterentwicklungspläne: Die Implementierung von Mitarbeiterentwicklungsplänen, die auf die individuellen Stärken und Entwicklungsbereiche abzielen, ermöglicht es dir, gezielt an der Weiterentwicklung individueller Stärken zu arbeiten.

Auch innerhalb des Unternehmens ist es wichtig, die Werte der Firma zu leben. Wie kannst du diese Werte vorleben und innerhalb deines Teams verstärken?

P für Potential umfasst, dich selbst zu kennen und zu akzeptieren. Das heißt, deine Stärken und Werte zu kennen und dir bewusst über dich selbst zu sein. Das ist ein aktiver Schritt in deiner Rolle. Und aktiv sein ist Bestandteil des nächsten Ps: Power.

6 Power: Gestalte deine Zukunft aktiv

Du hast mehr Power, als du denkst.

Bei diesem P geht es nicht um die Power, die du durch eine Position, zum Beispiel eine Führungsrolle, hast. Es geht um die Power, die jeder Mensch hat: die Power, Entscheidungen zu treffen, die Power, aktiv zu sein, die Power, Verantwortung zu übernehmen. Das sind Kräfte, die du hast oder entwickeln kannst, ohne in einer besonderen Position sein zu müssen. Meine Frage an dich: Setzt du sie bereits ein?

Du kannst diese Frage vielleicht besser beantworten, wenn du die Auswirkungen kennst, die die fehlende Nutzung von Power mit sich bringt. Sie führt zu Priorisierungsproblemen, weil du nicht aktiv entscheidest, was wichtig ist. Sie führt zu Zeit-Management-Problemen, weil du deine Zeit nicht aktiv einteilst und dich vor allem von externen Faktoren leiten lässt. Sie führt zu dem Gefühl, dass du dein Leben nicht unter Kontrolle hast, weil andere dein Leben navigieren. Wenn du an dem Punkt bist, dich fremdgesteuert zu fühlen, halte inne und frage dich: Was hindert mich, aktiv zu sein und meine Power in meinem Sinne einzusetzen? Das schauen wir uns im folgenden Kapitel genauer an.

6.1 Warum wir unsere Power häufig vergeben

Ein häufiger Grund, warum wir unsere Power nicht nutzen, ist, dass wir annehmen, wir hätten sie gar nicht. »Ich kann diese Entscheidung doch gar nicht treffen.« Oder wir erahnen unsere Power, glauben aber, dass wir mit ihr nicht umgehen oder keine Verantwortung für Entscheidungen übernehmen können. »Was ist, wenn ich falsch liege?« Es fühlt sich einfacher an, eine andere Person entscheiden zu lassen. Wenn diese falsch liegt, können wir ihr die Schuld in die Schuhe schieben (wenn auch unbewusst). Und manchmal vergessen wir auch, dass wir Power haben, weil wir in die Passivität gedriftet sind. »Ich warte lieber auf den Anruf, als ihn selbst zu tätigen.« Egal welchen Grund wir haben: Viele Probleme, besonders wenn es um Zielsetzung und Zielerreichung geht, liegen nicht daran, keine Power zu haben, sondern darin, sie nicht einzusetzen.

> **Auf den Punkt**
>
> Du hast die Power bereits in dir, Verantwortung zu übernehmen und Entscheidungen zu treffen, um dein Leben aktiv zu gestalten.

Als ich mich im März 2022 entschied, meinen zweiten Radrekord aufzustellen, hat mir keiner das Go gegeben. Ich habe selbst die Zügel in die Hand genommen und meine Power genutzt, die Idee umzusetzen. Ich habe aktiv die Entscheidung getroffen, das

Projekt zu starten. Ich habe die Verantwortung übernommen, Sponsoren zu suchen, ein Team zusammenzustellen und die Organisation in die Wege zu leiten. Dafür brauchte ich keine Chefin, keinen MBA und auch keine Erlaubnis meiner Freunde. Ich habe es einfach gemacht. Worauf will ich hinaus? Du kannst so viel mehr machen und entscheiden, als du (bisher) denkst. Manchmal musst du dich einfach von dem Gedanken verabschieden, dass du eine Erlaubnis brauchst oder ein bestimmter Zeitpunkt eintreten muss. »Sollte ich nicht doch lieber eine Weiterbildung machen oder einen MBA absolvieren, bevor ich meine Traumkarriere anstrebe?« – »Sollte ich nicht besser die Experten entscheiden lassen, bevor ich es selbst tue?« Berechtigte Fragen, aber Folgende ist es auch: Inwiefern werden diese Fragen vorgeschoben, um eine eigene Entscheidung aufzuschieben oder gar nicht treffen zu müssen? In solchen Situationen ist es essenziell – genauso wie bei der Identifizierung deines eigenen Potentials –, ehrlich zu dir zu sein: Nutze ich meine (vorhandene!) Power, Verantwortung zu tragen, Entscheidungen zu treffen und aktiv mein Leben zu gestalten? Oder gebe ich sie ab, zum Beispiel aus Angst vor Verantwortung, Fehlern oder gar der Zukunft?

Was passiert, wenn wir unsere Power nicht nutzen?
Zu »vergebener« Power möchte ich ein Beispiel aus meiner Zeit bei der großen IT-Firma heranziehen, die ich bereits erwähnte. Ich fühlte mich sehr unwohl in meiner Rolle als IT-Consultant und in der Umgebung. Ich wollte eigentlich weg. Aber ich hatte Angst, dass ich danach keinen Job finden würde. Anstatt also aktiv die Entscheidung zu treffen zu gehen und eine neue Rolle zu suchen, habe ich die Entscheidung vor mir hergeschoben, Stichwort Prokrastination. »Die Rolle wird bestimmt besser.« – »Ich muss mich nur daran gewöhnen.« – »Ich bin sicher bald auf einem neuen Projekt, da ist es bestimmt interessanter.« – »Ich muss der Firma und mir eine Chance geben, ich kann ja nicht gleich aufgeben.« – »Ich kann ja nicht nach einem Jahr gehen, wie sieht das sonst auf meinem CV aus?« Vielleicht hört sich die eine oder andere Aussage bekannt an. Ja, alle Gründe haben ihre Berechtigung in dem einen oder anderen Sinne. Aber so, wie ich mich gefühlt habe, war keine meiner Ausreden so gut, dass ich nicht hätte kündigen sollen. Ich hatte einfach Angst. Angst vor der Zukunft, Angst, etwas falsch zu machen. Und so blieb ich in einer Rolle, in die ich einfach nicht gepasst habe. Zum Glück wurde mir die Entscheidung nach zwei Jahren abgenommen, als ich gekündigt wurde.

Doch nicht jeder hat das »Glück«, gekündigt zu werden (spannend, dass ich die Kündigung irgendwann positiv formulieren konnte) – sei es im beruflichen oder privaten Leben. Die Frage ist also grundlegend: Will ich darauf warten oder hoffen, dass jemand die Entscheidung, hoffentlich die richtige zum richtigen Zeitpunkt, für mich trifft oder will ich aktiv entscheiden, was wann wie und wo passiert?

Dabei reden wir in meinem Beispiel gerade über nur eine nicht getroffene Entscheidung. Aber meistens bleibt es nicht bei einer, sondern es zieht sich über Jahre hinweg: viele Entscheidungen, die man nicht trifft, immer wieder Verantwortung, die man abgibt und zunehmende Passivität, die sich in den Alltag einschleicht. Und irgendwann nach Jahren oder gar Jahrzehnten steht eine Person da und wundert sich, wie sie da hingekommen ist, wo sie ist. Was habe ich falsch gemacht? Welche falsche Entscheidung habe ich getroffen?

Auf den Punkt

Die Fragen sollten sein: Welche Entscheidungen habe ich NICHT getroffen? Wo bin ich einfach hinterher gelaufen, besonders bei wichtigen Entscheidungen? Wo habe ich Entscheidungen hinausgezögert? Wo habe ich Verantwortung abgegeben? Wie viel Zeit habe ich mit Warten und Passivität verbracht?

Um gar nicht erst an den Punkt zu gelangen, ist es wichtig, dir bewusst zu machen, dass du sehr viel Power hast – diese aber auch einsetzen musst. Wenn du das nicht tust, wird dich die Power einer anderen Person überrennen. Wenn du dich dieser – sehr schönen! – Verantwortung deiner eigenen Power gegenüber bewusst bist, dann ist der zweite Schritt die Akzeptanz, sie auch anzuwenden.

»Wenn es einen Glauben gibt, der Berge versetzen kann, so ist es der Glaube an die eigene Kraft.« Besser als Marie von Ebner-Eschenbach kann ich es nicht formulieren. Habe keine Angst, Entscheidungen zu treffen, Verantwortung für dich zu übernehmen und dein Leben aktiv zu gestalten. Es fühlt sich viel erfüllender an, wenn du der Protagonist deines eigenen Lebens bist und nicht ein Nebendarsteller oder, noch schlimmer, ein Statist. Oft meiden wir Verantwortung und Entscheidungen, weil wir sie mit Negativem verknüpfen. »Ich könnte ja etwas falsch machen.« – »Ein Fehler wäre fatal«. – »Ein Misserfolg bricht mir das Genick.«

Ja, du kannst »Fehler« machen, du kannst scheitern, du kannst Misserfolg haben – aber wie sieht dein Leben aus, wenn du immer nur versuchst, nichts falsch zu machen? Geht es nicht darum zu leben und erleben, dein volles Potenzial auszuschöpfen und zu lernen und wachsen? Wenn das dein Bestreben ist, dann sind Fehler, Misserfolge und Scheitern ein wichtiger Teil einer wunderbaren Lebensreise.

6.2 Vom Umgang mit Fehlern

Wir Menschen tendieren aus verschiedenen Gründen dazu, Fehler zu vermeiden:
- **Angst vor Misserfolg**: Wir fürchten uns davor, dass Fehler als Versagen interpretiert werden und negative Konsequenzen haben.
- **Sozialer Druck**: In unserer Gesellschaft wird oft Perfektionismus als erstrebenswert angesehen, was dazu führt, dass wir Fehler vermeiden, um nicht negativ beurteilt zu werden.

- **Selbstzweifel**: Fehler könnten unser Selbstwertgefühl beeinträchtigen und das möchten wir umgehen.
- **Keine Fehlerkultur**: In Umgebungen, in denen Fehler bestraft werden oder keine Möglichkeit zu Fehleranalyse und -korrektur besteht, ist die Tendenz, Fehler zu meiden, größer.
- **Unsicherheit**: Manchmal sind wir unsicher, wie wir mit Fehlern umgehen sollen oder wie wir sie beheben können, was dazu führt, dass wir versuchen, keine zu machen.

Doch was ist ein Fehler? Und vor allem: Wer definiert, was in welcher Situation für wen fehlerhaft sein könnte? Schauen wir uns dazu folgenden Textauszug an. »Das Vorliegen von Fehlern ist wegen der Allgegenwärtigkeit von Fehlern vermeintlich einfach festzustellen. Die genaue Definition, insbesondere die einzelnen Merkmale, die einen Fehler als solchen erscheinen lassen, erweist sich dagegen als äußerst komplex. Gründe dafür sind die Abhängigkeit des Fehlers von der Situation, in der ein Fehler auftritt sowie die Abhängigkeit von den Merkmalen des Individuums, welches einen Fehler begeht.« (Steuer, 2014) Es liest sich etwas kompliziert und abstrakt– aber es birgt eine sehr gute Antwort in sich: Jeder Fehler ist individuell zu definieren sowie zu betrachten.

Insgesamt ist es wichtig zu verstehen, dass Fehler ein natürlicher Bestandteil des Lernprozesses sind und wertvolle Lektionen bieten können. Wenn wir Fehler als Gelegenheiten zum Wachstum betrachten und eine Kultur fördern, in der Fehler akzeptiert und konstruktiv angegangen werden, können wir auch ein gesünderes Verhältnis zu ihnen entwickeln.

Der Fehler, Fehler zu meiden

Die Vermeidung eines Fehlers garantiert nicht, dass es anschließend keinen Fehler gibt. Denn auch bei Unentschlossenheit, verstanden als Auslassen einer Handlung, also bei Passivität, können Fehler entstehen. Das Leben ist nicht fehlerlos, wenn wir Entscheidungen vermeiden. Und vermeintlich keine Entscheidung treffen ist eben doch eine Entscheidung. Viele sind sich dessen nicht bewusst. Über alledem steht, und das ist womöglich des Lebens Kern: Kein Mensch ist perfekt, kein einziger fehlerfrei. Viel wichtiger ist also, da Irrtümer vorausgesetzt werden können, der Umgang mit ihnen – wie auch immer wir sie nennen: Scheitern, Misserfolg, Fehlgriff, Fauxpas, Irrtum, Defekt oder Makel.

Mein Credo, das ich gerne wiederhole: Ich scheitere lieber, als dass ich bereue, etwas nicht versucht zu haben.

Sind Fehler wirklich Fehler?

Ja, definitiv, wenn du dich der Definition »unerwünschtes Ergebnis« bedienst. Wenn ich diese Definition auf mein Leben anwende, habe ich viele Fehler gemacht. Allerdings ist die Betrachtung »unerwünschter Ergebnisse« eben auch nur eine Perspektive beziehungsweise Teil eines – nicht wünschenswerten – Fixed Mindset.

Fixed Mindset

Ein Fixed Mindset (festes, starres Mindset) ist eine Denkweise, die davon ausgeht, dass die persönlichen Fähigkeiten und Eigenschaften statisch und unveränderlich sind. Menschen mit einem festen Mindset glauben, dass ihre Intelligenz, Talente und Fähigkeiten bereits festgelegt sind und sich nicht wesentlich verändern lassen. Sie neigen dazu, Herausforderungen zu meiden, um ihr Selbstbild nicht zu gefährden und interpretieren Rückschläge als Anzeichen mangelnder Fähigkeiten. Diese Denkweise kann dazu führen, dass Personen sich in ihrer Komfortzone einrichten, Feedback als Bedrohung empfinden und sich bei Schwierigkeiten entmutigt fühlen. Es steht im Gegensatz zum Growth Mindset, das auch durch die 6Ps beschrieben wird.

Sogenannte Fehler sind wichtig auf der Reise zu deinem Ziel. Stelle dir vor: Würdest du sofort deinen Studienabschluss machen wollen ohne die jahrelange Erfahrung des Studentendaseins? Würdest du sofort einen Marathon als erstes Rennen laufen ohne die Trainings davor? Würdest du sofort Geschäftsführerin werden wollen ohne Berufserfahrung? Mein Punkt ist: Die Reise inklusive all der Schritte, die du auf deinem Weg Richtung Ziel gehst, bringt viel Erfahrung mit sich mit, die du brauchst, um dieses dann erfolgreich zu erlangen und weiterzuführen. Was bringt es, wenn du Head of XY wirst, aber keinen Plan hast, was du eigentlich tust, keine Unterstützung, um die Rolle erfolgreich auszuführen sowie keine Widerstandsfähigkeit für die neuen Challenges, die mit der Rolle einhergehen? Viele Menschen streben etwas Großes an, vergessen aber, dass dieses Große erst erreicht wird, wenn sie all die Herausforderungen auf dem Weg annehmen und an ihnen wachsen. Und das Wachstum besteht darin, deine Power anwenden zu können und aus erwünschten sowie unerwünschten Ereignissen zu lernen. Anstatt also nach Perfektionismus zu streben, den du nie erreichen wirst, strebe nach Erfüllung. Mit einem solchen Mindset haben Fehler plötzlich keine negative Konnotation mehr.

6.3 Der nie existierende perfekte Moment

»Ich warte auf den richtigen Moment.« Diesen Satz hast du von anderen oder von dir sicher schon einmal gehört. Doch wann ist dieser richtige Moment? Worauf wartest du wirklich? Klar, es gibt Faktoren, auf die du wirklich warten musst und das ist auch berechtigt. Aber oft schieben wir eine Entscheidung vor uns her und warten auf eine Eingebung, die uns sagt, dass nun der ideale Zeitpunkt ist. Auch das ist »irgendwie« verständlich, weil wir ja nichts falsch machen wollen und es nun mal keine Bedienungsanleitung für das Leben gibt. Allerdings gibt es eine Lösung: Du kannst diese Anleitung selbst schreiben. Das kann schon sehr beängstigend klingen. Allerdings mache dir bewusst: Wenn du sie nicht selbst schreibst, wird sie für dich verfasst. Und höchst-wahrscheinlich ist dann diese Bedienungsanleitung nicht annähernd so gut und pas-send wie die, die du für dich erstellen könntest.

Es ist Übungssache, deine Power (wieder) zu entdecken, aktiv Entscheidungen zu tref-fen – vor allem die schweren – und dann auch noch zu handeln. Ein Erfolgs-Mindset beruht darauf, Entscheidungen zu treffen und die Verantwortung sowie die Konse-quenzen zu tragen. Dabei wirst du auf die Nase fallen. Und du wirst staunen, da bin ich ganz sicher, wie sich mehr und mehr das, was du bisher negativ bewertet hast, auf einmal ins Positive wandelt, weil deine Einstellung zu Fehlern, Scheitern und Miss-erfolgen das jetzt zulässt.

6.4 Werde dir deiner Power bewusst

Es geht darum zu lernen – und das geht! –, wie du deine Power erfolgreich einset-zen kannst. Am Anfang von Kapitel 6 hatte ich sie bereits beschrieben als die Pow-er, Entscheidungen zu treffen, die Power, aktiv zu sein, die Power, Verantwortung zu übernehmen. Dafür ist es wichtig, dir zunächst bewusst machen, ob und in welchem Umfang du deine Power bisher überhaupt nutzt. Hier erlebe ich häufig, dass Perso-nen meinen, sie würden doch bereits alle Entscheidungen treffen. Sie sind sich nicht bewusst, dass sie ihre Power abgegeben haben. Genau das aber ist wichtig, um dein Erfolgs-Mindset auf Spur zu bringen. Wie also erkennst du, ob deine Power überhaupt (noch) im Spiel ist?

Es beginnt mit der bewussten Wahrnehmung, wie du mit Entscheidungen umgehst: Habe ich gerade eine Entscheidung getroffen oder sie abgegeben oder verschoben? Auch die kleinen Entscheidungen sind dabei sehr wichtig. Wer entscheidet, was ich am Abend esse, welche Zahnbürste ich benutze oder wohin es in die Ferien geht? Dabei geht es nicht darum, dass andere nicht auch einmal eine Entscheidung für dich treffen können. Zentral ist, dass du prüfst, ob du dich damit wirklich gut fühlst – oder eben nicht und du es aus Faulheit oder fehlendem Mut dennoch zulässt.

Wenn du dir deiner Power bewusst bist, geht es im nächsten Schritt darum, wie du sie effektiv einsetzen kannst.

Effektive Power statt blinde Entscheidungen

Es gibt Entscheidungen, die »egal« sind. Willst du Pizza oder Bockwurst zum Abend-essen? Die Entscheidung hat voraussichtlich keine kritischen Konsequenzen. Es geht bei deiner Power also nicht darum, dir ständig Gedanken zu machen, für alles Verant-wortung zu tragen und »die richtige« Entscheidung zu treffen. Es geht darum, deine Power bewusst und gezielt einzusetzen – besonders, wenn es um die Veränderung deines Lebensweges geht. Erneut: Auch die kleinen Entscheidungen zählen. Wenn du nie die Entscheidung triffst, gesund zu essen, dann hat das langfristig schlechte Auswirkungen. Du hast dich zwar hier und jetzt der Entscheidung entzogen (gesund zu leben), aber wenn du das länger tust, dann erhältst du trotzdem unerwünschte Ergebnisse (definiert als Fehler).

Auf den Punkt

Es hilft, dich zu fragen, ob eine Entscheidung, die du jetzt triffst, eine positive, negative oder überhaupt keine Auswirkung auf dein Leben hat.

Entscheidungen treffen: die Balance zwischen Energieverbrauch und Relevanz
Entscheidungen brauchen (oder nehmen) zuweilen viel Energie. Daher ist es wichtig, aufmerksam wahrzunehmen, ob die Balance zwischen Energieverbrauch zur Entscheidungsfindung und Wichtigkeit der Entscheidung stimmt.

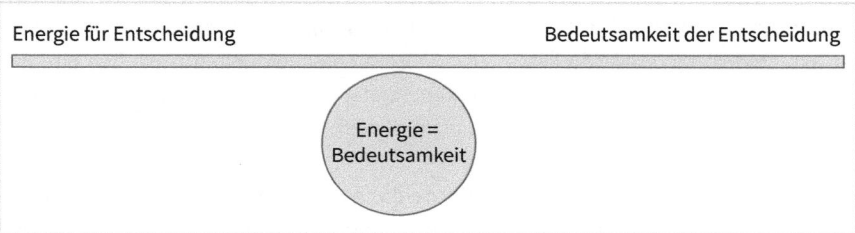

Abb. 2: Ausgewogene Balance zwischen genutzter Energie und Wichtigkeit der Entscheidung

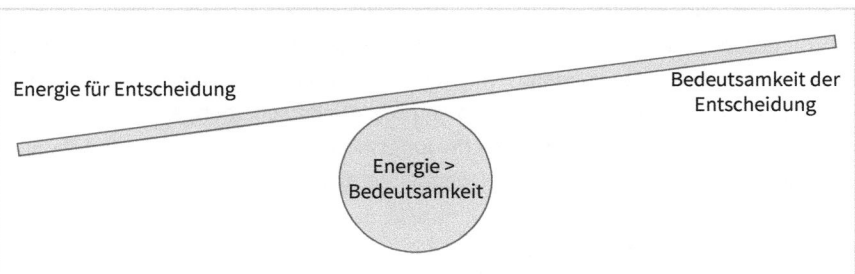

Abb. 3: Unausgewogene Balance zwischen Energie für die und der Bedeutung der Entscheidung – oder: Man denkt zu viel darüber nach, wie man sich entscheiden soll.

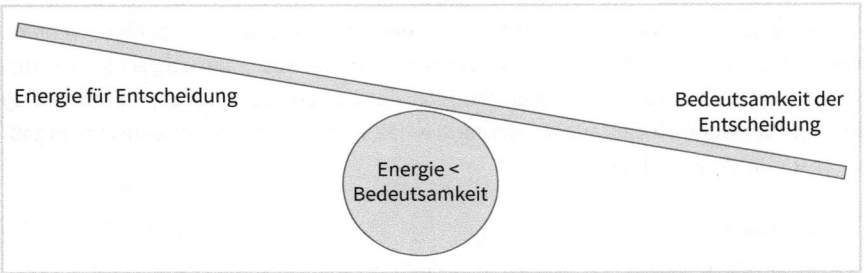

Abb. 4: Unausgewogene Balance: Fehlende oder unzureichende Energie für wichtige Entscheidungen (aufschieben)

Der Supermarkt ist ein perfektes Beispiel. Du gehst rein und zerbrichst dir eine Stunde lang den Kopf, welche Zahnbürste du nun kaufst. Es gibt ja viel Auswahl: blau, grün, rot, medium, hart etc. Dann musst du auch noch Zahnpasta, Zahnseide und Mundspülung kaufen – ein ähnlich langer Prozess. Du kommst nach zwei Stunden aus dem Supermarkt, mental wahrscheinlich ziemlich fertig, weil das sehr viel Energie gekostet hat. Und danach hast du keine Lust, weitere Entscheidungen zu treffen und isst deine Pizza (anstelle des selbst gemachten Salats, den du eigentlich eingeplant hattest). Das nennt man dann Entscheidungsmüdigkeit.

Wir treffen jeden Tag (!) ca. 20.000 Entscheidungen. Das ist energieraubend. Daher ist es sehr wichtig, dir bewusst zu machen, welchen Entscheidungen du viel Energie schenkst und welchen nicht. Dieses Konzept ist beispielsweise bei Prominenten wie Barack Obama zu beobachten, die dazu neigen, einen konsistenten Kleidungsstil zu pflegen. Dies ermöglicht es ihnen, sich nicht täglich aufs Neue damit auseinandersetzen zu müssen, was sie anziehen sollen. Durch die Festlegung auf einen bestimmten Look minimieren sie den Aufwand beim Aussuchen ihrer Outfits. Das gibt ihnen Raum, ihre geistige Energie für wichtigere und komplexere Entscheidungen zu nutzen. Eine solche Herangehensweise hilft, Entscheidungsmüdigkeit vorzubeugen und die Effizienz bei wirklich bedeutenden Angelegenheiten zu steigern.

Automatisierung von Entscheidungen
Daher ist es wichtig, dir klar vor Augen zu führen, welche Entscheidungen wichtig sind und welche eher weniger. Und welche du vielleicht automatisieren kannst – wie die Auswahl der Kleidung oder Zahnseide –, damit du deine Power für die relevanten Entscheidungen einsetzen kannst. Zum Thema Energie kommen wir auch beim nächsten P, Perspective (Kapitel 7), da das Mindset nur so stark ist wie die Energie, die du dafür hast.

Also: Es geht nicht nur um das Bewusstsein deiner vorhandenen Power. Es ist auch ausschlaggebend, wie du sie einsetzt. Wenn du deine Power immer und überall einzusetzen versuchst, dann führt das ganz schnell zu Überforderung, Irritation und schlimmstenfalls einem Burn-out. Wenn du sie hingegen nie einsetzt, dann übernimmt jemand anderes dein Steuer. Und auch das wird für dein Selbstbewusstsein und deine Power nicht förderlich sein.

Ganz praktisch: Selektiere Entscheidungen nach Relevanz

Eine gute Übung, um deine Power effektiv einzusetzen, ist, bewusst durch den Alltag zu gehen und zu erkennen, wie du sie nutzt.

Dazu kannst du im Privatleben anfangen, wenn das einfacher ist:
* Wie kaufe ich ein?
* Wie plane ich den Urlaub?
* Wie gestalte ich meine Freizeit?

Selbstverständlich kannst du auch im Job schauen:
* Wie gehe ich in meiner aktuellen Tätigkeit vor?
* Wie verhalte ich mich bei Konflikten?
* Wie kommuniziere ich mit meinen Kolleginnen und Vorgesetzen?

Bewerte anschließend, ob der (tägliche) Einsatz deiner Power für gewisse Entscheidungen »überflüssig« ist (indem du sie künftig automatisierst) oder gerechtfertigt, da sie auf die Übernahme von Verantwortung und die aktive Gestaltung deiner Zukunft inklusive lebensentscheidender Themen einzahlt.

6.5   Power für Führungskräfte

Besonders als Führungskraft ist es ausschlaggebend, dir bewusst zu machen, ob und wie du deine Power nutzt. Folgende Fragen können helfen: Wie verändern sich Prozesse, Zeitpläne etc. für mein Team, wenn ich eine Entscheidung nicht tätige oder hinausziehe? Was macht es mit meiner Rolle als Führungskraft? Was ist, wenn ich keine Verantwortung für mein Team übernehme und/oder meinem Team überhaupt keine Verantwortung übertrage? Wie kann ich proaktiv Dinge vorantreiben? Wie kann ich mein Team motivieren, dasselbe zu tun?

Diese Fragen helfen, dir bewusst zu machen, wie wichtig Power für dich als Führungskraft sowie für das Team ist. Oft entstehen Probleme innerhalb des Unternehmens oder Teams, weil Deadlines nicht eingehalten werden, nicht richtig priorisiert wird oder Verantwortlichkeiten nicht bekannt sind. Dies sind alles Konsequenzen fehlender Power. »Empowerment«, wie es als Buzzword gängig ist, nimmt hier dann eine starke Bedeutung an. Als Führungskraft ist es essenziell, eine Kultur zu pflegen, die Empowerment möglich macht, das heißt, dem Team die Möglichkeit zu geben, Entscheidungen zu treffen, Verantwortung zu übernehmen und, noch wichtiger, Fehler machen zu dürfen. Weil eine Person motivierter ist, ihre Power zu nutzen, wenn das keine negativen Folgen hat. Der erste Schritt dafür ist, offen kommunizieren zu können und zu wissen, dass die eigene Meinung respektiert wird. Und es beginnt bei der Führungskraft, transparent und ehrlich zu kommunizieren – und das immer auf Augenhöhe. Veränderungen kannst du am besten erzeugen, wenn du als Vorbild die gewünschte Veränderung schon lebst.

7 Perspective: Fokussiere dich auf dein großes Ganzes

Sieh das große Ganze, aber verliere den Fokus nicht.

7.1 Was ist dein großes Ganzes?

In Kapitel 6 haben wir über Power geredet. Die Power, die du hast, Entscheidungen zu treffen, Verantwortung zu übernehmen und aktiv dein Leben zu gestalten. Dennoch liegt genau da häufig dennoch ein Problem. Die vielfältigen Möglichkeiten sind beängstigend, weil sie zu Ablenkungen, FOMO (Fear of Missing Out – die Angst, etwas zu verpassen) und Aufmerksamkeitsdefiziten führen. Du malst dir Großes aus mit allen Details und merkst, dass es plötzlich so mächtig geworden ist, dass es dich beängstigt und nicht motiviert. Das Ergebnis: Du fängst lieber gar nicht erst an.

Um Ordnung ins (Gedanken-)Chaos zu bringen, hilft folgender Ansatz: Betrachte jedes Ziel und Projekt wie einen Hausbau. Überlege dir zuerst das Grundgerüst, bevor du zur Gestaltung einzelner Zimmer gehst, zum Beispiel zur Farbe der Tapete der rechten Wand im Badezimmer. Oft verlieren wir uns viel zu früh in Details. Aber wenn du alle kleinen Teilstücke schon zu Beginn festlegst, bist du nicht mehr flexibel, denn im Laufe des Hausbaus können neue Ideen entstehen und auch äußere Bedingungen Einfluss auf die Gestaltung nehmen. Zudem erscheint dann auch das Projekt überwältigend, wenn du dir bereits zu Anfang Gedanken über den Farbton der Küchentapete machen musst, aber das Fundament noch gar nicht steht. Daher fokussiere dich zuerst auf das große Ganze (besonders dein Warum, den Purpose) und gehe erst anschließend in die Details.

Das Konzept des Minimum Viable Product (MVP)
Ich baue meine Projekte immer nach dem Konzept des Minimum Viable Product auf.

Minimum Viable Product (MVP)

Das Minimum Viable Product (MVP) stammt aus der Produktentwicklung und bezieht sich auf eine minimal funktionsfähige, brauchbare Version eines Produkts oder einer Anwendung. Das MVP enthält gerade genug Funktionen, um es auf den Markt zu bringen und von den frühesten Benutzern (Early Adopters) getestet zu werden. Das Hauptziel besteht darin, zu den neuesten Varianten eines Produkts umgehend Feedback von den Nutzenden zu erhalten und so die Entwicklung in die richtige Richtung lenken zu können – und zwar bevor Ressourcen für die Entwicklung von Funktionen verwendet werden, die nicht notwendig oder nicht gewünscht sind.

Der Ansatz ist, aus realem Feedback für den nächsten Entwicklungsschritt zu lernen. Das ermöglicht es Unternehmen, zeitnah Anpassungen vorzunehmen, basierend auf den tatsächlichen Bedürfnissen und Wünschen der Nutzenden, anstatt im Voraus unrealistische Annahmen zu treffen.

Dieses Vorgehen lässt sich wunderbar auf private, berufliche und sportliche Ziele übertragen. Meine 124-Schweizer-Pässe-Challenge (die dazugehörige Filmdokumentation findest du am Ende des Buchs) hat begonnen mit der Idee, alle Pässe zu fahren. Was brauche ich, um das Projekt zum Fliegen zu kriegen? Ich brauchte eigentlich nur ein Unterstützungsfahrzeug, einen Fahrer und einen Plan, wie ich alle Pässe fahre. Das war mein MVP. Dass daraus ein 5-Personen-Team entstand, war nie Teil meines ursprünglichen Plans. Es bildete sich während der Planung und den neuen Möglichkeiten, die dadurch entstanden sind. Wichtig war es, das Grundgerüst aufzubauen und mich erst einmal darauf zu fokussieren.

Das Gleiche gilt beispielsweise für die Selbstständigkeit. Was brauchst du wirklich, um dein Business zu starten? Die erste Kundschaft, ein Produkt und eine klare Strategie sind Beispiele für ein Fundament der Selbstständigkeit.

Klar, es gibt viel mehr Faktoren für eine erfolgreiche Selbstständigkeit, aber oft verlieren wir uns in Detailfragen wie »Welche Instagram-Vorlage soll ich nutzen?« oder »Soll ich jetzt schon Büroräume mieten?«. Oft sind das zweitrangige Themen, die in Angriff genommen werden sollten, nachdem das Grundgerüst klar ist und steht. Auch in der täglichen Projektarbeit sind oft so viele Themen auf dem Tisch, dass man den Wald vor lauter Bäumen nicht sieht, der Fokus ganz schnell flöten geht und damit auch die Produktivität und die erwünschten Ergebnisse.

Um es greifbar zu machen, hier ein paar Beispiele:

Das große Ganze	MVPs	Weitere Schritte
Selbstständigkeit	• 3 Kunden • Businessstrategie • 1 Produkt/Service	• Instagram-Vorlage • Weitere Produkte/Services • Co-Working-Space
Schweizer-Pässe-Challenge	• Unterstützungsfahrzeug • Fahrer • Route	• Kommunikationsperson • Sponsoren

Wie sieht es für dich aus? Was ist dein großes Ganzes? Wie sieht dein MVP aus und wie deine weiteren Schritte?

Auf den Punkt

Für jedes Ziel ist es wesentlich, das große Ganze im Auge zu behalten und dir klarzumachen, was dafür wirklich wichtig ist. Lass dich dabei nicht von irgendwelchen Trends und Marketinghypes abbringen, die dir das Blaue vom Himmel versprechen. Fokussiere dich auf dich!

7.2 Burst your Bubble

Vor einiger Zeit hatte ich ein Gespräch mit einem Manager, der seinen Job nicht mochte. Er hatte erst vor Kurzem die Firma gewechselt in der Hoffnung, sein Unbehagen läge an der Firma und nicht an dem Job oder der Branche. Aber die gleiche Unzufriedenheit entwickelte sich auch in dem neuen Job. Ich fragte ihn, warum er nicht eine andere Tätigkeit in einer anderen Branche suche? Seine Antwort: »Aber welche? Ich kann doch nur das, was ich im jetzigen Job mache. Wer würde mich sonst nehmen? Ich habe doch keine anderen Abschlüsse oder Zertifikate.«

Leider herrscht nicht nur bei ihm die Überzeugung vor, dass man außer für den aktuellen Job für keine andere Tätigkeit qualifiziert ist. Und dieses Denken bewirkt, dass man sich weiterhin lediglich auf das bewirbt, was man kennt – nur um dann dieselben Probleme in einem anderen Setting wiederzufinden. Aber dieses Mindset ist (in Teilen) überholt. In der heutigen Zeit sind Soft Skills zunehmend wichtiger als Abschlüsse.

Soft Skills

»Soft Skills bezeichnen eine nicht abschließend definierte Vielzahl persönlicher Werte (z. B. Fairness, Respekt, Verlässlichkeit), persönlicher Eigenschaften (z. B. Gelassenheit, Geduld, Freundlichkeit), individueller Fähigkeiten (z. B. Kritikfähigkeit, Zuhören, Begeisterungsfähigkeit) und sozialer Kompetenzen (Umgang mit anderen Menschen: Teamfähigkeit, Empathie, Kommunikationsfähigkeit) von Führungskräften und Mitarbeitern, die die Kooperation und Motivation im Unternehmen begünstigen.« (Lies, o. J.). Ihnen gegenüber stehen Hard Skills als nachprüfbare fachliche Fähigkeiten/Fachkompetenzen, die erlernbar und spezifisch für einzelne Berufe sind.

Dass Soft Skills eine Rolle spielen, habe ich selbst erfahren, als ich mit Abschlüssen in Internationaler Sicherheit (Politik) und Sport in die IT-Beratung kam. Auf zwei ausgeschriebene Stellen kamen 1.000 Bewerbungen. Von den 1.000 Bewerbenden wurden zehn zu einem Interviewtag eingeladen, unter anderem auch ich. Von 9 Uhr morgens bis 17 Uhr abends wurden wir mit Interviews und Business Cases gegrillt, um zu sehen, wer nun die zwei Auserwählten sind. Alle außer ich hatten einen BWL- oder Finanzhintergrund. Wir mussten Präsentationen erstellen, sie vortragen sowie unzählige Interviews durchführen. Das auch für mich unglaubliche, nie geahnte Fazit: Sie haben eine dritte Stelle für mich geschaffen. Es lag nicht an meinen akademischen Abschlüssen, sondern daran, dass ich an diesem Tag meine Motivation zum Lernen deutlich unter

Beweis stellen konnte. Qualifikation endet also längst nicht mit den Hard Skills. Unternehmen mit Weitblick erkennen dies. Also: Sei offen, traue dich, gehe neue Wege. Du kannst nicht verlieren.

Perspektivenvielfalt durch neue Netzwerke

Egal ob auf Jobsuche oder nicht: Ein Netzwerk aufzubauen, dass außerhalb der Branche und dem eigenen Arbeitsumfeld liegt, lohnt sich, um deine Bubble zu verlassen und neue Impulse zu erhalten. Wenn du über den Tellerrand schaust, verschaffst du dir neue Perspektiven. Nicht alles dreht sich nur um den aktuellen Job oder ein Projekt, auch wenn manche Arbeitgebende das vermitteln wollen. Sie geben ihren Mitarbeitenden das Gefühl, dass es nicht anderes da draußen in der Welt gibt als ihre Firma. Die Mitarbeitenden werden mit Benefits überschüttet und bauen sich damit eine Abhängigkeit zur Firma auf. Klar, dass es dann schwierig wird, sich zu lösen und andere Möglichkeiten zu sehen. Dabei möchte ich gleichzeitig auf all die Unternehmen verweisen, die ihren Mitarbeitenden die Chancen für neue Perspektiven und Sichtweisen geben und verstanden haben: Divers denken bereichert jedes System.

Ein externes, heterogenes Netzwerk hilft, Abstand zu firmenspezifischen Themen zu schaffen sowie aktuelle Probleme mit anderen zu besprechen, die neutral zu der Situation stehen. Eine andere Möglichkeit, Perspektive zu schaffen, ist es, zu reisen und andere Kulturen zu erleben. Was ist dieser Kultur und den Menschen in der Region wichtig? Wofür stehen sie? Jammere ich eigentlich nur auf hohem Niveau, wo andere Menschen ganz andere, existentielle Probleme haben? Ich wage das Statement zu machen, dass besonders die deutschsprachige Kultur oft sehr negativ (zur Zukunft) eingestellt ist und sich mehr auf Probleme wie Lösungen fokussiert ist. Einfach mal weg von dem Alltag und in eine andere Welt eintauchen hilft nicht nur, Neues zu erleben und Perspektive zu schaffen, sondern es wirkt sich auch auf die Kreativität und die offene Sicht für neue Möglichkeiten aus.

7.3 Müssen wir immer busy sein?

Heutzutage ist jeder busy. Ich habe Freunde, da muss ich mich Monate vorher anmelden, um überhaupt eine kleine Lücke im Kalender zu finden. Konstant etwas tun zu müssen scheint en vogue zu sein. Wir müssen uns ständig beschäftigen. Einfach mal nichts tun – besonders in der heutigen digitalen Welt – scheint unmöglich. Selbst wenn wir ein paar Minuten zur Verfügung haben, widmen wir uns lieber ein paar Instagram-Posts, als einfach mal nachzudenken. Probiere es einmal bewusst aus mit einem Abend ohne Handy, TV oder iPad. Vielen von uns ist gar nicht bewusst, wie oft wir uns automatisch – aber eben nicht bewusst! – mit diesen Geräten beschäftigen.

Das konstante Einprasseln von (Des-)Informationen führt zu Aufmerksamkeitsdefiziten und psychischen Problemen. Wer beschäftigt sich denn heute mehr als nur ein paar Stunden mit demselben Thema? Schau dir den typischen Büroalltag ein: E-Mails beantworten, spontane Besuche von Kollegen, weitere Mails beantworten und dann Meeting-Marathon. Wann hat man denn während des Arbeitstages, nicht selten acht Stunden plus, wirklich Zeit nachzudenken? Aber Kreativität und Innovation entstehen erst durch freies Nachdenken und Brainstorming, was eben eine entspannte Umgebung erfordert.

Tatsächlich habe ich das extrem während meiner Reise in Costa Rica gemerkt. Da ich kein Netz dort hatte, war ich ausschließlich auf Wifi angewiesen. Das hieß, ich schaute maximal am Abend mal kurz auf das Handy. Und nach ein paar Tagen merkte ich, dass mein Kopf relaxter war. Abschalten ist heutzutage sehr schwierig geworden und es braucht sehr viel Anstrengung und ein Bewusstsein, um sich von all den Einflüssen abzukapseln.

Eine hervorragende Weise, um abzuschalten, ist für mich der Sport. Er gibt mir die Möglichkeit nachzudenken. Meine besten Ideen entstehen beim Radfahren. Ich habe eine komplette Abkopplung vom Alltag, was mich befähigt, kreativ zu denken. Für alle Sportmuffel: Es ist egal, was du tust. Du kannst Musik hören, deinen Hund trainieren oder stricken. Wichtig ist, dass du dir diese Umfelder suchst, in denen du den Kopf frei kriegst, Pausen einlegst und durchatmest. Denn die Entspannung und eine gewisse Muße sind Voraussetzung, damit du im wahrsten Sinne zu dir kommst.

7.4 Energie und Fokus

Oft höre ich von meinen Klienten, dass sie keine Zeit haben, ihre Ziele zu realisieren. Aber meistens ist es nicht die Zeit, die fehlt, sondern der Fokus. Wenn du fokussiert bist, hast du auch wieder die Zeit für das Wichtige, weil du die Dinge, die dir nicht helfen, nicht mehr machst. Zudem kanalisierst du durch den Fokus auch deine Energie auf dein Ziel. Und gerade das Haushalten mit deiner Energie ist von zentraler Bedeutung und »sticht« den Zeitfaktor. Denn wenn du deine ganze Energie bereits verbraucht hast, hilft dir auch keine freie Zeit mehr, dich auf andere Sachen zu konzentrieren. Daher ist es viel wichtiger, deine Energie gut einzuteilen, die Energiefresser zu kennen und gegebenenfalls zu eliminieren und dich auf das zu fokussieren, was deinen Purpose, dein Potential und deine Perspective unterstützt. Der schöne Nebeneffekt: Wenn du in Energiemanagement denkst, kommt das Zeitmanagement automatisch.

Es gibt Aktivitäten, die Energie geben und solche, die sie nehmen. Energiespendende Aktivitäten sind beispielsweise ein schönes Sonntagsfrühstück, schlafen, ein tiefes Gespräch mit Freundinnen oder Sport. Aktivitäten, die Energie nehmen, sind zum

Beispiel langwierige Meetings ohne Outcome, Konversationen mit nörgelnden Kollegen und Streit mit der Partnerin. Wenn wir nur in Zeitmanagement denken, setzen wir ein Sonntagsfrühstück mit einem Streit gleich. Beides dauert vielleicht genauso lang. Denken wir in Energiemanagement, gibt es allerdings einen gravierenden Unterschied: Nach ersterem fühlen wir uns motiviert, erholt und belebt, nach einer Auseinandersetzung hingegen genervt und mental ausgelaugt. Nach welcher der beiden Aktivitäten wärst du motiviert, deine Ziele anzugehen? Höchstwahrscheinlich nach einem leckeren Frühstück. Und das ist zentral: Du brauchst Energie, um dir Ziele zu setzen, Mut aufzubauen und deine Resilienz zu stärken. Aber wenn du deine Power an energiefressende Aktivitäten abgibst, dann bleibt wenig Energie für deine eigentlichen Ziele.

Oft höre ich folgenden Satz: »Ich habe die Willenskraft nicht, um meine Ziele zu erreichen.« Aber wenn man das Wort »Willenskraft« wortwörtlich nimmt, braucht der Wille eben auch Kraft. Und die Kraft kommt aus der Energie. Und wenn letztere fehlt, dann erübrigt sich auch alles andere. Wenn du konstant mit etwas beschäftigt bist (und höchstwahrscheinlich mit einigen Energieräubern) und nie zur Ruhe kommst, ist klar, dass es keine Energie für Ziele gibt.

Fokussiere deine Energie

Fokus

Fokus versteht sich als ein Punkt, ein Anliegen, ein Ziel, auf den oder das alles gerichtet ist.

Daher ist es entscheidend, Energie fokussiert einzusetzen. Konkret bedeutet das: Anstatt einfach wahllos deinen Zeitkalender zu füllen, gestalte deinen Energiekalender (vielleicht ja sogar heute noch). Dabei gehst du von 100 % Energie pro Tag aus. Wie nutzt du derzeit deine Energie für den Tag? Wie viele Energiefresser hast du? Wie viele Energiegeber? Dies ist eine sehr persönliche Auswertung. Jede Person hat einen anderen Bezug zu Energie. Aber wenn du dich konstant abends ausgelaugt fühlst, dann könnte das ein Anzeichen dafür sein, dass du am Tag zu viele Energiefresser hattest. Und das führt langfristig zu gesundheitlichen Problemen wie Burn-out, Depression oder körperlichen Symptomen.

Wie also willst du deine Energie jeden Tag einsetzen? Kannst du Energiegeber in deinen Alltag einbauen? Wichtig bei der Planung des Energiekalenders ist, dich selbst wirklich wahrzunehmen, was dir guttut und wie es auf dich wirkt.

Zudem ist es essenziell, dich zu fokussieren. Wir leben in einer Welt stetiger Ablenkungen. Jede Sekunde will etwas oder jemand unsere Aufmerksamkeit. Heutzutage ist es sehr schwierig, sich auf eine Sache zu konzentrieren. Wir verlernen es zunehmend und zugleich sinkt unsere Aufmerksamkeitsspanne drastisch. Das hat der Neurowissenschaftler Lutz Jäncke in seinem Buch »Von der Steinzeit ins Internet« (Jäncke, 2021) eingängig beschrieben.

Auf den Punkt

Auch wenn es anfänglich sicher nicht einfach ist, es wieder zu lernen: Wenn du dich nicht fokussierst, kannst du auch nicht in die Tiefe gehen, um zu erkennen, was du wirklich willst. Und das ist fundamental für dein Erfolgs-Mindset, dein Wachstum und deine Entwicklung.

Es ist entscheidend, zu wissen, ob und wann dein Fokus verloren geht. Und das findest du über Selbstreflexion heraus, die bei allen Themen in diesem Buch von zentraler Bedeutung ist. Falls dir das alleine schwer fällt, kannst du dir dazu jederzeit Hilfe von außen holen.

Wenn du dir bewusst bist, dass du dich mit dem Fokussieren noch schwer tust, kannst du aktiv entgegensteuern. Klassische Methoden hierfür sind beispielsweise das Weglegen oder Stummschalten des Telefons, das Abschalten des Internets oder der Rückzug in einen ruhigen Raum. Das sind physische Variablen, die Einwirkung auf den Fokus haben. Und es gibt die mentale Komponente. Wie kann ich fokussiert bleiben und nicht abschweifen? »Ich schreibe einen Artikel, aber plötzlich bin ich mit meinen Gedanken bei meinen Kindern, die abgeholt werden müssen. Hoffentlich vergisst mein Mann sie nicht. Vielleicht sollte ich kurz mal anrufen und sichergehen.« Diese oder ähnliche Gedankengänge führen auch dazu, den Fokus zu verlieren.

Ein paar Lösungen: Gedanken aufschreiben, meditieren, nur eine Sache tun
Was mir hilft, wenn ich nagende Gedanken habe, während ich eigentlich etwas anderes machen sollte, ist, diese aufzuschreiben. Ich führe mehrere Listen auf Google Keep: »Worries«, »To-Dos«, »Einkaufsliste«, »Ziele«. Sobald mir ein Gedanke kommt, der nicht entfliehen will oder soll, schreibe ich ihn in die Liste. Ja, die Sorge ist vielleicht in diesem Moment noch nicht weg, aber wenn sie aufgeschrieben ist, muss ich sie mir nicht merken. Das funktioniert wirklich – probiere es aus. Anstatt zu versuchen, negative Dinge zu vergessen, notiere ich sie also. Im Falle, ich möchte mich daran erinnern, kann ich sie in der Liste wiederfinden. Oft vergesse ich die Sorge vollständig. Und wenn ich später auf die Liste schaue, sehe ich diese Sorge meistens schon aus einer anderen Perspektive.

Meditation hilft auch, den Fokus zu trainieren, da es um das bewusste Steuern der Aufmerksamkeit geht. Im Rahmen der Meditation wird der Fokus auf den Körper gelegt. Aber du kannst ihn auf alles legen, solange du ihn bewahrst und die Chance hast, den

Geist zu beruhigen. Für mich ist es tatsächlich Meditation, dieses Buch zu schreiben. Was ist es für dich?

Ein weiteres Mittel zur Förderung der Konzentration besteht darin, dich gezielt auf eine Aktivität zu konzentrieren, dies jedoch intensiv, anstatt oberflächlich darüber zu streifen. Ein gutes Beispiel ist das Lesen einer Zeitung. Statt alle Schlagzeilen zu überfliegen, wähle einen Artikel aus, der dich interessiert und lese ihn vollständig. Das bringt nicht nur mehr Erfüllung, sondern erhöht auch die Chancen, die Informationen zu behalten.

Zudem werden Informationen (gleich Ablenkungen) von uns auch unterbewusst wahrgenommen. Nachrichten, die wir im Hintergrund hören. Gespräche, die wir mitbekommen. Geräusche, Gerüche. Das kann dazu führen, dass du den Fokus verlierst, weil das Gehirn damit beschäftigt ist, all das zu verarbeiten. Fokus steht somit auch im direkten Zusammenhang mit dem Thema Energieeinteilung. Wenn du konstant deine mentale Energie benutzt, muss dies auch konstant verarbeitet werden. Du kennst das vielleicht bei Back-to-back-Meetings. Du kommst aus einem Meeting heraus und kannst dich im nächsten gar nicht konzentrieren, weil du noch die vorherigen Informationen verarbeitest.

Ein anderes Phänomen ist das Folgende: Hattest du mal ein Gespräch mit einer Person, die konstant ihr Handy auf Nachrichten überprüft? Und nachdem sie sie gecheckt hat, merkst du, dass sie gerade die Informationen einer Nachricht verarbeitet, anstatt dir zuzuhören. Bei diesen Verhaltensmustern wundert es nicht, dass Menschen es schwierig finden, sich auf eine Sache zu konzentrieren. Und wie soll dann ein Thema wie Selbstreflexion, bei dem es um eine tiefe Fokussierung geht, eine Chance bekommen?

Da wir das Verhalten der anderen kaum ändern können, sollten wir die Möglichkeit wählen, an unserem eigenen Verhalten zu arbeiten. Fokus ist ein Schlüssel, um erfolgreich zu sein. Umso entscheidender ist es, uns aktiv mit dem Thema auseinanderzusetzen. Dabei ist vor allem für die Menschen, die es sehr schwer haben, sich zu fokussieren, zunächst die »radikale« Variante zu empfehlen: erst einmal alles, was ablenken könnte, entfernen. Und sich dann eine gewisse Zeitspanne einem bestimmten Thema (zum Beispiel selbstreflektierende Fragen) widmen. Zuerst fühlt es sich an, dass etwas fehlt (nämlich konstant einprasselnde Informationen), aber irgendwann beruhigt sich das Gehirn und findet den Fokus.

Das habe ich auch immer auf meinen Solo-Radfahrabenteuerreisen erlebt. Vor einigen Jahren habe ich einige mehrtägige Radtouren alleine gemacht, zum Beispiel durch Spanien. Am ersten Tag war mein Kopf voll mit alltäglichen Themen: »Welche E-Mail habe ich noch nicht beantwortet?« – »Oh, da hätte ich noch anrufen müssen.« Ich habe an dem Tag meine Umgebung kaum wahrgenommen, da ich noch so intensiv mit meinen Gedanken beschäftigt war. Kontakt zu anderen war begrenzt auf das Nötigste. Doch bereits am zweiten Tag entstand Ruhe in meinem Kopf. Keine plagenden Gedanken mehr. Plötzlich habe ich wahrgenommen, was um mich herum passiert ist. Ich habe die salzige Meeresluft gerochen, die kleinen Blumen am Wegrand bewundert und mit einer Dame im Supermarkt über das Wetter geplaudert. Ich habe mich meiner Umwelt geöffnet, der Natur und meinen Mitmenschen. Der Fokus lag nun einzig und allein auf der Reise. Alle anderen Gedanken waren weit entfernt. Ich habe im Hier und Jetzt gelebt. Diese mentale Präsenz war so stark, dass ich mehrere Trips wie diesen unternommen habe. Es war ein gutes Gefühl, mich mental so leicht zu fühlen.

Suche dir deine Nischen
Im Alltag ist das häufig schwierig– gerade wenn du die Fokussierung lernen möchtest. Familie, Arbeit, Sport und andere Aktivitäten: Da wechselt der Fokus stetig. Doch du kannst dir im kleinen Rahmen immer wieder die Zeit nehmen, die es dir ermöglicht, deinen Fokus auf nur ein Thema zu richten (Bewegung, Musik machen, ein Buch lesen).

Wir Menschen sind übrigens äußerst schlechte Multitasker (Jäncke, 2021). Wir sind nicht dafür gemacht, konstant unseren Fokus zu wechseln. »Fachleute warnen allerdings schon seit Jahren vor den Folgen der Informationsflut, der wir im digitalen Zeitalter durch die mobilen Endgeräte ausgesetzt sind. Unser Gehirn, das Ergebnis einer hunderttausendjährigen Evolution, scheinen wir damit zu überfordern. Wir sind schneller gestresst, können nicht mehr richtig priorisieren und werden fehleranfälliger.« (Hoffmann, 2021) Eine kleine Auszeit hilft zu erkennen, wie vielen mentalen Belastungen wir uns im Alltag aussetzen und gibt uns somit auch die Möglichkeit auszusortieren. Des Pudels Kern: Musst du wirklich all das machen, was du tust?

Das Thema Fokus war auch von großer Bedeutung für mich während der 124-Schweizer-Pässe-Challenge. Ich habe meine Kontakte und andere Aktivitäten außerhalb der Challenge auf ein Minimum reduziert. Das hat mir geholfen, meine Energie auf die Challenge zu fokussieren.

Auf den Punkt

Je größer dein Ziel, desto mehr Fokus verlangt es.

Welche Rückschlüsse kannst du für dein Leben ziehen? Wie kannst du einen klaren Fokus schaffen – für einzelne Aktivitäten, für ein Projekt, für dein Ziel?

7.5 Die Kunst, Nein zu sagen

Wir haben im Rahmen von Energie und Fokus – und ihrer Verschwendung – über das ständige Busy-sein geredet. Ein weiterer Grund für verlorenen Fokus und willkürlich eingesetzte Energie ist, dass es vielen Menschen schwerfällt, Nein zu sagen. Dafür gibt es verschiedene Gründe:

Angst vor Ablehnung: Wir Menschen möchten gemocht und akzeptiert werden. Das Aussprechen eines Neins kann die Befürchtung auslösen, dass andere Personen uns ablehnen könnten.

Vermeidung von Konflikten: Ein Nein könnte zu Konflikten führen – und nicht wenige Menschen scheuen Konfrontationen, um die Harmonie in Beziehungen zu bewahren.

Sorge um das Wohl anderer: Manche Menschen setzen die Bedürfnisse anderer über ihre eigenen und haben Schwierigkeiten, deren Wünsche abzulehnen.

Fehlender Selbstwert: Menschen mit geringem Selbstwertgefühl haben Schwierigkeiten, Grenzen zu setzen und für ihre Bedürfnisse einzustehen.

Soziale Erwartungen: Gesellschaftliche Erwartungen und höfliche Umgangsformen können dazu führen, dass Menschen sich verpflichtet fühlen, Ja zu sagen, selbst wenn sie es nicht möchten.

Wichtig ist es, Grenzen ziehen zu können (gerade für dein Energiemanagement) und diese auch klar zu kommunizieren. Das bedeutet auch, Nein sagen zu können.

- Es gibt einen Grund, warum es schwerfällt, Nein zu sagen. Und genau da kannst du beginnen. Warum fällt es dir schwer, etwas abzulehnen? Liegt es an einem der oben genannten Gründe? Das zu erkennen ist ein erster essenzieller Schritt.
- Du musst nicht einfach nur Nein sagen, sondern kannst gleichzeitig auch eine Lösung anbieten. »Nein, leider kann ich dir gerade nicht helfen, aber ich kann dir zwei Kontakte geben, die dich unterstützen.« Dann wird das Nein nicht zu einer Sackgasse für die andere Person und dir gibt es ein gutes Gefühl, mit einer Alternativlösung doch geholfen zu haben.
- Was passiert mit deinem Gegenüber, wenn du Nein sagst? Und wie steht das im Verhältnis zu dem Grund, warum du abgelehnt hast? Was ist dir wichtiger? Einen Termin wahrzunehmen oder dein krankes Kind von der Kita abzuholen?
- Übe das Neinsagen in kleinen Schritten und in Situationen, in denen du dich zwar auch (noch) unwohl fühlst, aber in denen es realistisch für dich ist, den Schritt zu wagen.

7.6   Perspective für Führungskräfte

Als Führungskraft ist dieses P sehr wichtig in Bezug auf das Energiemanagement für dich selbst sowie für dein Team, um ein Projekt erfolgreich auf die Beine zu stellen und den Fokus nicht zu verlieren. Dabei kann es um zweierlei Fokus gehen: den gemeinsamen Projektfokus sowie den individuellen Fokus der einzelnen Mitarbeitenden im Rahmen ihrer Projekttätigkeit. Bei beiden ist es deine Aufgabe als Führungskraft, die Bedingungen zu schaffen, dass keine unnötige Ablenkung erfolgt und dabei zu unterstützen, dass alle ihren Fokus behalten können.

Als Führungskraft bist du konstant gefragt und unter Strom. Wenn du dir beispielsweise deinen Kalender anschaust: Wie viel Prozent von deinen Terminen hast du selbst und wie viele wurden dir gesetzt? Selbst ranghohe Führungskräfte haben häufig wenig Kontrolle über ihr Zeitmanagement und somit auch ihr Energiemanagement. Ich rate, genau dort anzufangen: Schaffe dir Kontrolle über deinen Kalender. Führe gegebenenfalls Regeln ein, die dir erlauben, Energie aufzutanken in Form einer freien Lunchstunde oder eines meetingfreien Wochentages. Sei auch konsequent, an den freien Tagen NICHT in deine E-Mails zu schauen und Telefonate anzunehmen. Wir leben in einer Welt, in der wir konstant verfügbar sein sollen (oder wollen?). Aber das führt mittel- bis langfristig schlimmstenfalls zu einem Burn-out, weil es keine Zeit mehr gibt, Energie aufzutanken. Nimm dir einmal 20 Minuten Zeit aufzuschreiben, was deine Energiefresser und was deine Energiegeber sind. (Der Struggle beginnt wahrscheinlich schon damit, 20 freie Minuten zu finden.)

Wenn wir unsere Zeit zu hundert Prozent füllen und verplanen, haben wir keine Möglichkeit zu reflektieren, ob wir auf dem richtigen Weg sind – das gilt für den Lebensweg sowie auch für Projekte und Tagesziele. Führungskräfte sollten genau diese Reflexion für sich selbst und auch für ihre Mitarbeitenden einfordern und vor allem ermöglichen.

Als Führungskraft hast du einen gewissen Einfluss auf die Arbeitsweise deiner Mitarbeitenden. Was kannst du als Führungskraft verändern, damit Mitarbeitende fokussiert bleiben, sie Energie auftanken können und sich in Projekte oder das Tagesgeschäft eingebunden fühlen? Besonders letzteres wirkt sich stark auf die Motivation aus. Wenn ein Mitarbeiter weiß, was und wie er zum Ziel beiträgt oder beitragen kann, umso motivierter ist er, das auch aktiv zu tun. Leider fehlt auch in diesem Kontext oft eine transparente Kommunikation, damit der Mitarbeiter sich abgeholt fühlt. Dabei ist es sehr leicht: Hilf jedem Mitarbeiter zu verstehen, was überhaupt das Ziel ist und wie er zu dem Ziel beiträgt – und das kontinuierlich.

Als Führungskraft hast du auch Einfluss auf die Gestaltung der Meetings. Sind sie zielführend? Sind sie alle nötig? Müssen sie wirklich 60 Minuten dauern? Müssen alle zusammengetrommelt werden, um bestimmte Aufgaben oder Herausforderungen zu lösen? Vielleicht sind die Antworten auf die Fragen alle Ja. Wichtig dabei ist, dir bewusst zu machen, wie du als Führungskraft mit der Zeit und der Energie deiner Mitarbeitenden umgehst.

Ein großer Energiefresser sind ungelöste Konflikte. Viele Menschen meiden eine offene Konfrontation beziehungsweise Aussprache, weil sie Angst davor haben. Als Führungskraft ist es dabei nicht notwendig, auf jedes kleine Gezeter einzugehen. Wichtig ist jedoch, eine Umgebung und Atmosphäre zu schaffen, die es den Mitarbeitenden erlaubt, sich ohne Ängste auszusprechen. Wer monate- oder gar jahrelang Unmut in sich trägt, wird auch Probleme mit seinem Energiehaushalt haben, da negative Emotionen einiges an Kraft kosten. Als Führungskraft ist es ebenfalls wichtig, Nein sagen zu können – egal, ob einem Teammitglied oder einem externen Dienstleister gegenüber. Das sorgt für Transparenz von Zielen, Grenzen und Prioritäten. Dazu gehört selbstverständlich auch, dass du ein Nein auch jeder anderen Person zugestehst.

Eins ist klar: Für dich als Führungskraft ist es essenziell, geforderte Werte selbst zu leben, bevor du das von anderen verlangst. Daher erstelle zuerst deinen eigenen Perspective-Plan für Fokus und Energie. So sammelst du Erfahrungen, wie du auch deinem Team »vorbildlich« helfen kannst.

8 People: Entscheide, wem du vertraust

Umgib dich mit Menschen, die an dich glauben.

8.1 Die Suche nach Anerkennung

Als ich die Weltbankkarriere gekündigt hatte, um professionell Rad zu fahren, gab es einige Stimmen gegen meine Entscheidung – besonders aus meinem näheren Umfeld. Und da bin ich natürlich kein Einzelfall. Egal was wir tun, fast jede Person hat eine Meinung dazu – ob positiv oder negativ. Und häufig lassen wir uns von diesen Meinungen leiten, denn wir sind Rudeltiere und brauchen die Anerkennung unserer Gemeinschaft. Das ist ein Basic Need (Abbildung 5).

Selbst-
verwirklichung
(Potenzial
ausschöpfen)

Individualbedürfnisse
(z. B. Erfolg, Anerkennung,
Wertschätzung)

Soziale Bedürfnisse
(z .B. Familie, Freunde)

Sicherheit
(z. B. körperliche und seelische Sicherheit,
materielle Grundsicherung)

Grundbedürfnisse
(z. B. Schlaf, Essen)

Abb. 5: Maslowsche Bedürfnispyramide

Anerkennung

Anerkennung bezieht sich auf die positive Bewertung, Wertschätzung oder Zustimmung gegenüber einer Person, ihren Handlungen, Leistungen, Meinungen oder Qualitäten. Es ist die Art der Bestätigung, die zeigt, dass die Bemühungen oder Beiträge einer Person wahrgenommen und geschätzt werden. Anerkennung kann verbal oder nonverbal ausgedrückt werden und spielt eine wichtige Rolle in zwischenmenschlichen Beziehungen, Arbeitsumgebungen und der sozialen Interaktion.

Einige Aspekte von Anerkennung:

Wertschätzung: Anerkennung zeigt Wertschätzung für die Einzigartigkeit, Fähigkeiten und Qualitäten einer Person. Es geht darum zu erkennen und auszudrücken, dass jemand etwas Wertvolles beigetragen hat.

Respekt: Anerkennung ist respektvoll. Es zeigt, dass die Meinungen und Beiträge einer Person ernst genommen werden und dass sie einen Platz in der Gemeinschaft, im Team hat.

Motivation: Anerkennung kann eine motivierende Kraft sein. Menschen sind oft engagierter, wenn ihre Bemühungen anerkannt werden.

Positive Rückmeldung: Anerkennung beinhaltet oft Lob, Achtung oder Dankbarkeit, um die positiven Aspekte einer Person oder ihrer Handlungen zu betonen.

Anerkennung ist ein wichtiger sozialer und emotionaler Aspekt, der dazu beiträgt, positive Beziehungen aufzubauen und das individuelle Wohlbefinden zu fördern. Daher ist es uns so wichtig, was die anderen über uns und unsere Aktivitäten denken. Die große Krux: Wir leben in einer digitalen Welt und da gibt es tagtäglich unfassbar mehr Meinungen als vor dem Internetzeitalter. Es gibt längst nicht mehr nur die Meinung des neugierigen Nachbarn und der Oma. Jetzt sind es Hunderte bis Millionen von Social-Media-Nutzenden, die sich unser Vorhaben genau anschauen und bewerten. Dabei kennen wir wahrscheinlich noch nicht mal einen von ihnen persönlich. Aber da die Anzahl der Follower häufig gleichgesetzt wird mit Anerkennung und Status, wird auch die Meinungen dieser Follower zunehmend wichtig für uns.

So tendiert die heutige Gesellschaft dazu oder fokussiert sich bereits darauf, sich Anerkennung digital zu suchen anstatt in persönlichem Kontakt. Es erscheint viel leichter und angenehmer. Anstatt sich mit dem nervigen Nachbarn auseinanderzusetzen, suchen wir nach Likes im Internet. Jeder einzelne Like gibt uns ein Gefühl von Anerkennung. Wir werden über ein simples Icon in unserem »Sein« bestätigt, wir werden gemocht. Da wir dieses Gefühl von Anerkennung im Internet so leicht erhalten und uns dort ja auch die meiste Zeit aufhalten, verlieren wir die Verbindung zur (physischen) Anerkennung von Freundinnen, der Familie, den Vereinskumpels. Doch die emotionalen Highs der einzelnen Likes fühlen sich nur kurzfristig gut an, verfliegen schnell und sind wie eine Droge. Mit der Zeit brauchen wir immer mehr, um dieses Hochgefühl zu erreichen. (Löhle, 2018) Und wir reagieren umgehend, wenn ein Post mal nicht so viele Likes erhält. »Mögen mich die Leute nicht mehr?« – »Bin ich hässlich auf dem Bild?«

Doch die emotionale Verbindung zu Personen via Social Media ist minimal, die »Beziehung« ist meist einseitig und basiert auf einem Doppelklick auf ein Foto. Und daraus ziehen wir dann Anerkennung. Noch schlimmer: Immer wieder gibt es Menschen, die dieser Suche nach Anerkennung via Social Media zum Opfer fallen.

Vor einiger Zeit war ich bei einem Media Camp einer Fahrradmarke. Wir waren zehn sogenannte Influencer. Dort habe ich eine Frau kennengelernt, die jede teilnehmende Person fragte, wie viel Follower sie hat. Je mehr Follower die Person hatte, desto mehr Interesse hat sie ihr gewidmet. Es war absurd. An einem Tag hatte sie einen Post mit mir auf Instagram veröffentlicht, auf dem auch ein Brot mit Schinken zu sehen war. Am nächsten Tag hatte sie den Post gelöscht. Ich fragte, warum und sie antwortete, ihre Follower fanden es nicht gut, dass sie Fleisch essen würde und dass es gegen die Tierrechte verstoße. Das Perfide: Sie war gar keine Vegetarierin. Ihr Verhalten war komplett von den Reaktionen ihrer Follower gesteuert. Später erfuhr ich, dass sie an starken Depressionen leidet. Sie hat mir sehr leid getan, weil sie sich komplett abhängig von ihrer Followerschaft gemacht hatte. Sie hatte nicht mehr ihre eigenen Ideen gepostet, sondern das, was andere sehen und lesen wollten.

Anerkennung ist nachhaltiger, wenn du sie im physischen Leben findest, wenn du echte, persönliche Freundschaften schließt und reale Bekanntschaften machst. Diese sind die wahren Felsen in der Brandung – und dann ist auch die Anzahl der Likes egal.

Auf was will ich hinaus? Es ist wichtig, wem du Bedeutung schenkst. Heutzutage ist oft Anerkennung gleichgesetzt mit der Anzahl von Likes. Aber was ist mit der Anerkennung deines besten Kumpels, der sagt, was für einen Megashot du gerade beim 1:1-Basketball gegen ihn gemacht hast? Was mit dem Applaus, den du für eine Laientheateraufführung erhalten hast? Was mit dem dankbaren Blick, den dir eine alte Frau schenkt, weil du sie über die Straße geführt hast? Sind 1.000 Likes mehr wert als die Meinungen einer nahestehenden Freundin oder die greifbare Dankbarkeit einer hilfebedürftigen Person? Und falls ja, warum und wie nachhaltig ist das wirklich für dich?

8.2   Wem hörst du zu?

Ich erzählte bereits, dass ich mich gegen die Weltkarriere entschieden habe, um Radprofi zu werden. Und dass viele Menschen, auch meine Familie, sich für die sichere, finanziell stabile Weltbankkarriere ausgesprochen haben. Es waren fast alles Menschen, deren Meinung ich sehr schätzte, die mich gut kannten. Dennoch waren sie der Ansicht, ich sollte Stabilität meiner Leidenschaft zum Sport vorziehen. Sie meinten, das sei das Beste für mich. Aber ich war nun einmal anderer Meinung. Ich wollte wissen, wie es ist, Radprofi zu sein – und war dennoch in einem starken emotionalen Dilemma. Mache ich das, was *die anderen* als das Beste für mich hielten? Oder tue ich das, was *ich* für richtig hielt – inklusive der Möglichkeit, sie zu enttäuschen? Es gab viele schlaflose Nächte, in denen ich hoffte, dass ich eine offensichtliche Lösung finden, dass ich aufwachen würde und die Entscheidung so klar wie Kloßbrühe wäre. Aber der Moment kam nie. Ich musste zwischen zwei Realitäten entscheiden und beide würden Sorgen mit sich bringen.

Ich habe den anderen zugehört – und mir. Und mich dann für meine Meinung entschieden. Denn nach vielem Abwägen, immer begleitet von der Frage nach meinem Purpose, wurde mir schließlich klar: Bei der Meinung anderer »zu meinem Besten« ging es gar nicht um mich, sondern um sie: »Ich würde so etwas nie tun.« – »Hast du keine Angst? Das ist doch alles viel zu unsicher.« – »Verschwendest du nicht viel zu viel Energie, ohne zu wissen, was da auf dich wartet?« – »Kannst du das überhaupt?« – »Du weißt schon, dass das schwierig wird für dich.«

Meinungen sind oft eine (unbewusste) Reflexion der eigenen Möglichkeiten. Menschen kennen sich selbst am besten. Sie nutzen ihre Erfahrung, um dann Rückschlüsse auf Möglichkeiten zu ziehen. Wenn ihre Erfahrungen negativ oder limitiert sind, wird auch ihre Meinung so sein. Und umgekehrt, wenn sie viel (positive) Erfahrung haben, werden sie diese auch in ihre Meinung einbinden. Aber beides garantiert nicht, dass sie *dich* bei ihrer Meinungsbildung einbeziehen – sondern leider häufig von sich ausgehen. Dennoch: Vor diesem Hintergrund, wie Meinungen entstehen, kannst du sie viel besser ein- und aussortieren.

Ich will nicht sagen, dass die Meinung anderer nicht wichtig ist. Daher sollen folgende Fragen helfen, um für dich das Maximale aus der Meinung der anderen herauszuziehen.

Meinungen anderer ein- und aussortieren

- Wie viel weiß eine Person, die sich eine Meinung von mir (ein)bildet, über mich?
- Was weiß die Person von dem Thema, um das es geht? Wie viel Erfahrung bringt sie mit?
- Hat sie bestimmte politische, emotionale, kulturelle, sprachliche Hintergründe, die ihre Meinung beeinflussen?
- Was will die Person mit ihrer Meinung bei mir erzeugen? Hat sie die Motivation, mich zu einer Entscheidung zu bringen?
- Wie wichtig ist diese Person für mich?
- Wie wichtig bin ich für diese Person? Möchte sie das Beste für mich? Und wenn ja, was ist ihre Definition von »das Beste« und stimmt diese Definition mit meiner überein?

Diese Fragen helfen dir, eine Meinung fundierter einzuordnen. Ist eine konkrete Ansicht wichtig für dich? Wenn ja, warum? Und wie beeinflusst sie deine Entscheidungsfindung?

Zurück zur digitalen Welt. Wie viele der obigen Fragen kannst du über deine Social-Media-Interaktionen beantworten? Höchstwahrscheinlich wenige bis keine. Doch für Online- wie Offlinestatements gilt: Es ist essenziell, die Meinung anderer nicht als bare Münze zu nehmen, besonders du keine weiteren Informationen über sie hast.

Meine Message: Suche dir genau aus, welche Meinung du als wichtig erachtest. Wenn du den »falschen« Meinungen zu viel Wichtigkeit beimisst, kann dich das – unnötig – verunsichern und auch an deinem Selbstbewusstsein und Selbstwert nagen.

Auf den Punkt

Es geht nicht darum, dich von den Meinungen anderer abzuschotten. Sie sind essenziell. Es geht darum, dass du Meinungen besser einordnen kannst, sie priorisierst und ihnen die für dich passende Aufmerksamkeit schenkst.

Noch einmal zu meinem Entschluss, die Weltbankkarriere aufzugeben und in der 1. Bundesliga Rad zu fahren. Obwohl mir die meisten abrieten, habe ich die Meinungen meines Umfelds sehr geschätzt, auch wenn ich wusste, dass sie nicht die leidenschaftliche Flamme gesehen haben, die in mir für den Radsport brannte und für den Sport immer noch brennt. Er ist mein Leben und ich bin mir bewusst, dass viele diesen Stellenwert nicht erkennen.

8.3 Meinungen besser einordnen

Es ist Übung zu erkennen und zu verstehen, welche Meinungen relevant für dich sind und welche nicht. Wir nehmen Meinungen anderer häufig ungefiltert auf, sodass wir gar nicht zum Analysieren kommen, sondern zur sofortigen Reaktion neigen, häufig Abwehr, wenn sie negativ ist. Ich bin weit davon entfernt, Verhaltensexpertin zu sein, aber ich habe über die Jahre gelernt, viele Meinungen gar nicht an mich ranzulassen. Dennoch gibt es immer noch Ansichten, die ungeschützt auf mich einprasseln und die weh tun.

Vor der 124-Schweizer-Pässe-Challenge wurde online ein Interview über mich in einer Schweizer Zeitung veröffentlicht, dass viele negative Kommentare erhielt. Ich war schockiert. Warum haben Menschen Probleme mit meiner Challenge? Es ist doch eine wunderbare Mission, wie kann man etwas dagegen haben? Ich war so entrüstet, dass ich die Redaktion anrief und fragte, ob sie den Artikel entfernen könnten – was sie natürlich nicht taten. Dann erhielt ich von einer Bekannten, die beim Schweizer Fernsehen arbeitet, den wohl besten Rat: »Moni, lies die Kommentare doch nicht durch. Das sind Menschen, die dich nicht kennen, wahrscheinlich noch nicht mal den Artikel durchgelesen und einen schlechten Tag haben.« Seitdem lese ich keinen einzigen Kommentar mehr. Julia, die die Kommunikation meines Challenge-Teams machte, hat sich um die Kommentare gekümmert. Falls es wirklich mal etwas gab, das ich wissen sollte, hat sie es mir gesagt. Ansonsten war ich davon komplett abgeschottet. Und die Menschen, die wirklich in Kontakt zu mir treten wollten, wussten, wie sie mich erreichen konnten.

Was ich vor allem in der Zeit erlebte: Je mehr man sich öffnet, desto mehr Angriffsfläche bietet man. Deswegen lassen es viele auch gleich sein. Aber wenn wir das alle so machen würden, wo wären dann die inspirierenden, motivierenden, positiven Geschichten? Daher verschließe ich mich nicht, nur weil es Menschen gibt, die ein Problem mit mir und meiner Story haben. Denn ich habe gelernt, auch damit besser umzugehen. Wenn ich den gleichen Fall noch einmal hätte, würde ich ihn jetzt mit wesentlich größerem emotionalem Abstand betrachten. Ich bin auf gewisse Weise abgehärtet, was keinesfalls heißt, dass ich mich nicht über schöne Kommentare freue. Ich wurde einfach besser beim Filtern von Meinungen (siehe Fragen in Kapitel 8.2).

Bei Kommentaren, die mich dennoch beschäftigen, hilft es mir, mit Vertrauenspersonen darüber zu reden, um mich von der Sache zu distanzieren. Meine Schwester ist hier meine beste Ansprechpartnerin. Zeit hilft auch. Jetzt gerade trifft mich diese Meinung sehr, aber morgen oder nächste Woche interessiert sie mich schon weniger und in einem Monat habe ich sie vergessen. Weil ich weiß, dass Zeit ein gutes Heilmittel ist, stelle ich mir immer vor, wie ich mich am nächsten Tag mit diesem Kommentar fühlen würde. Wie passt er in mein großes Ganzes? Verdient er überhaupt (so viel) Aufmerksamkeit? Schon bei dieser Relativierung verliert die Situation häufig deutlich und schnell an Gewicht.

Die Meinungen anderer besser einzuordnen, erfordert Übung – und Effekte wirst du nur erleben, wenn du dich darauf einlässt. Anstatt dich aber mit deinen Meinungen und Ansichten zu verstecken (Stichwort selbstbewusst, Kapitel 5.3), um »irgendwie« in das Bild anderer zupassen, ist es viel wichtiger und konstruktiver, okay damit zu sein, dass andere Menschen nicht deiner Meinung sind und schon gar nicht sein müssen.

Bei alledem – beispielsweise genannter, teils nötiger Abschottung vor destruktiven Meinungen – sind wir Menschen soziale Wesen. Wir haben eine angeborene Neigung und ein Bedürfnis zu Interaktion, Zusammenarbeit und Kommunikation mit anderen Mitgliedern unserer Gemeinschaft. Diese soziale Natur spielt eine wesentliche Rolle in der Entwicklung, dem Wohlbefinden und den Beziehungen der Menschen, zu denen auch Unterstützung gehört. Das schauen wir uns nun an.

8.4   Baue dein Unterstützungsnetzwerk auf

Unterstützungsnetzwerk

Ein Unterstützungsnetzwerk, auch Unterstützungssystem, bezieht sich auf eine Gruppe von Personen, Ressourcen oder Organisationen, die dazu dienen, eine Person in verschiedenen Lebensbereichen zu unterstützen. Dieses Netzwerk kann beispielsweise aus Freunden, Familie, Kolleginnen, Beratern, Mentorinnen oder sozialen Diensten bestehen.

Es geht darum, eine unterstützende Gemeinschaft aufzubauen, die Ratschläge gibt und dazu beitragen kann, deine Herausforderungen zu bewältigen oder deine Ziele zu erreichen. Ein solches Netzwerk spielt eine wichtige Rolle bei deiner persönlichen Entwicklung und für dein Wohlbefinden und ist ein wesentlicher Bestandteil für Erfolg, weil es mentale und emotionale Unterstützung leisten kann. Ein Unterstützungsnetzwerk – wenn es gut zusammengesetzt ist – kann ein starker Fels in der Brandung sein, der besonders in schwierigen Zeiten oder bei großen Hürden zum Tragen kommt.

Das braucht ein starkes Unterstützungsnetzwerk
Ein wichtiger Faktor ist Vielfalt, denn das Leben mit all seinen Bereichen ist so bunt wie seine Herausforderungen. Und so gibt es auch unterschiedliche Unterstützertypen, je nachdem, ob es um mentale, intellektuelle, emotionale, geschäftliche oder private Themen geht – zum Beispiel »Immer-auf-deiner-Seite-Unterstützer«, »Stets-verfügbar-Unterstützerin«, »Holt-dich-aus-jedem-Tief-Unterstützer«. Die verschiedenen Typen stärken dir in unterschiedlichen Situationen den Rücken. Die Familie ist vielleicht eher der emotionale Immer-verfügbar-Unterstützer, die Kollegin die geschäftliche Bester-Rat-Unterstützerin und ein Mentor holt dich aus jedem Tief. Wichtig ist, dass es ein gegenseitiges Geben und Nehmen ist, um eine nachhaltige Beziehung zu schaffen. Essenziell dafür sind Transparenz, Vertrauen, Dankbarkeit und Kommunikation.

Wen brauchst du in deinem Netzwerk?
Identifiziere zuerst, welche Personen du in deinem Unterstützungsnetzwerk brauchst. Eine Person, die immer erreichbar ist? Jemanden, der rational mit dir über deine Herausforderung spricht? Und/oder ist eine Person für dich wichtig, die dich einfach nur in den Arm nimmt? Schaue anschließend auf die Menschen, die schon in deinem Netzwerk sind. Welche »Funktionen« decken sie ab? Der Begriff hört sich vielleicht an, als würdest du sie ausnutzen, aber du stellst für diese Personen höchstwahrscheinlich auch einen Pfeiler ihres Unterstützungsnetzwerks dar. Es ist eine Win-Win-Situation. Zudem: Wenn du weißt, was euch verbindet, könnt ihr diese Verbindung intensivieren. Wichtig ist auch, dass die andere Person weiß, wie sie dir konkret helfen kann. Falls an dieser Stelle bei dir ein Unwohlsein oder auch Angst aufkommt, dass du »schwach« erscheinen könntest, weil du nach Hilfe fragst, kann ich dir voller Überzeugung sagen: Das ist nicht nötig. Ich habe in meinen Leadership-Coachings erfahren, dass auch die (scheinbar) selbstbewusstesten Personen, die alles erreicht haben, Unterstüt-

zung brauchen. Und daran ist nichts Schwaches. Wer eine Stütze hat, kann viel mehr erreichen als allein. Das gilt für die Athletin, die einen Trainer hat und es gilt für den Top-CEO, dem eine Beraterin zur Seite steht.

Mein Team während der 124-Schweizer-Pässe-Challenge war ein großer Pfeiler in meinem Unterstützungsnetzwerk. Jeder und jede von ihnen stand bedingungslos hinter der Mission und war ein unglaublich wichtiger Unterstützer. Julia war eigentlich die Kommunikationsmanagerin, aber sie wurde zu einer wichtigen Bezugsperson. Sie musste mich nur anschauen und wusste, was ich denke. Wir haben uns blind verstanden. Wir hatten viele Gespräche abends und haben über Herausforderungen im Leben gesprochen, Wünsche, Ziele und Träume – dabei ging es häufig nicht mehr um die Challenge selbst, sondern um viel mehr. Sie war die Person, mit der ich über Gefühle reden konnte, Ängste offenbart habe und nach Rat bei emotionalen Themen gefragt habe. Björn war der Fahrer und Fotograf für den ersten Teil der Challenge, aber er war auch Radio, Klassenclown und Komiker. Er konnte jeder Situation etwas Lustiges abgewinnen. Ich bin wegen ihm zweimal vor Lachen fast vom Rad gefallen. Er war superkreativ und hatte zu jeder Herausforderung eine Lösung. Stefan war ursprünglich der Pässe-Experte. Er war zwar nicht vor Ort, aber auch er war viel mehr. Er war unser Notfall-Unterstützer und gab uns stets Sicherheit, wenn wir wegen der Route nicht mehr weiterwussten. Er hat eine sehr ruhige Art und wenn ich panisch bei ihm anrief, wusste er sofort, wie er mich beruhigen konnte.

Alle diese wunderbaren Menschen haben ebenfalls einen Mehrwert empfunden, bei der Challenge dabei zu sein – ob es ein neues Abenteuer, das Gefühl von Zugehörigkeit oder Inspiration für ihre eigenen Ziele war. Es war immer eine Win-Win Situation.

Abb. 6: Das Team der 124-Schweizer-Pässe-Challenge (v. l.: Stefan, Michael, Julia, ich, Björn, Martin)

Hinzu kamen noch Sponsoren, Familie, Freundinnen und neue Bekanntschaften, die dieses Projekt unterstützten.

So findest du die fehlenden Menschen für dein Unterstützungsnetzwerk
Ich bleibe noch einmal in der Schweiz. Aus meinem Challenge-Team kannte ich lediglich Stefan, alle anderen kaum oder gar nicht. Julia hatte ich schon mal auf Radevents gesehen, aber nie mit ihr gesprochen. Ich hatte dann auf einer LinkedIn-Gruppe nach einer Kommunikationsexpertin gesucht und sie hat sich gemeldet. Ich wusste sofort, sie ist die beste Person für den Job. Björn habe ich durch einen Kontakt kennengelernt ebenso wie Michael, ein weiteres Teammitglied. Du kannst Unterstützungspersonen überall finden. Zentral ist zu wissen, was du in der Person beziehungsweise welchen Unterstützertyp du suchst. Und dann geht es natürlich auch darum, dass die Chemie stimmt, ihr ähnliche Werte vertretet und Ziele habt, die zueinander passen (es müssen nicht dieselben sein!).

Ein paar weitere Tipps, wie du dein Unterstützungsnetzwerk erweitern kannst:
- **Schaue dich in deinem Umfeld um.** Vielleicht hast du bereits eine geeignete Person in deinem Netzwerk. Manchmal ist uns gar nicht bewusst, wie viele großartige Menschen wir bereits in unserem Leben haben. Das kann die Nachbarin sein, der Kollege in einer anderen Abteilung oder die Laufkomplizin.
- **Kommuniziere, was du suchst.** Du beschleunigst deine Suche um ein Vielfaches, wenn du deinen Mitmenschen sagst, was du brauchst. So kam Björn an Bord, weil ich in meinem Umkreis kommunizierte, dass ich einen Fahrer und Fotografen su-

che. Über drei Kontakte kamen wir zusammen. Hätte ich meinem ersten Kontakt nichts von meiner Suche erzählt, wäre ich nie auf Björn gestoßen. Die meisten Menschen wollen helfen. Je mehr Personen von deiner Suche wissen, desto besser sind deine Chancen, dass du findest, was und wen du suchst.

- **Sei aktiv und warte nicht.** Eine Führungskraft erzählte mir von einer sehr engagierten Mitarbeiterin, die sich selbst einen Mentor für ihren Job gesucht hatte. Anstatt auf ein Weiterbildungsprogramm zu warten, hat sie ihre Power genutzt und sich aktiv auf die Suche nach Unterstützung gemacht. Das war nicht nur hilfreich für sie, sondern es kam auch bei ihrem Chef gut an, da sie Engagement, Eigeninitiative und Interesse zeigte.

Große Dinge passieren nur mit Unterstützung. Je früher du also dein Unterstützungsnetzwerk aufbaust und die Kontakte pflegst, desto wahrscheinlicher ist es, dass du erfolgreich sein wirst. Dabei geht es nicht um das Ausnutzen von Menschen, sondern um eine Synthese. Es gibt meistens einen Grund, warum eine Person ein Mentor oder Teil eines Teams sein möchte – zum Beispiel um Erfahrungen zu sammeln, Wissen zu vermitteln, Teil von etwas Großem zu sein oder das Gefühl zu haben, gebraucht zu werden. Wenn du ihnen anbietest, genau das zu geben, dann können alle profitieren. Eine einseitige »Partnerschaft« hat kein stabiles Fundament und hält nicht lange. Eine gute Balance von Geben und Nehmen hingegen ist die beste Basis für langfristige Beziehungen.

8.5 People und Führungskräfte

Als Führungskraft ist das People-P ein fundamentaler Bestandteil deiner Rolle in Bezug auf Anerkennung, Meinungen und Netzwerk. Als Führungskraft hast du die Möglichkeit, deine Mitarbeitenden durch Anerkennung zu motivieren. Oft höre ich, dass dies zu kurz kommt und Mitarbeitende sich »lost« vorkommen, weil sie hart arbeiten und Milestones erreichen, aber all das nicht oder zu wenig gewürdigt wird. Reflektiere gründlich: Mit welchen Mitteln und in welcher Form kannst du deinen Mitarbeitenden – auf individueller wie auf Team-Ebene – Anerkennung schenken?

Gerade als Führungskraft hast du erheblichen Einfluss darauf, ob offen und ehrlich kommuniziert wird. Als Vorbild solltest du den wertschätzenden Ton vorgeben, wie Meinungen geäußert werden und wie alle mit ihnen umgehen. Probleme und Herausforderungen können so auch schneller und effizienter gelöst werden. Reflektiere gründlich: Wie kannst du die Kommunikation in deinem Team so gestalten, dass jedes Teammitglied sich wohl fühlt, die eigene Meinung angstfrei zu äußern?

Als Führungskraft ist auch das eigene Netzwerk maßgebend, um Einfluss zu gewinnen. Wissen allein hilft oft nicht – es sind die Kontakte, die bei kritischen Entscheidungen helfen. Eine Vertrauensperson zu haben, um wichtige, auch sensible Themen durchzusprechen, ist essenziell. Das sehe ich in meiner Rolle als Leadership-Coachin nahezu jeden Tag. Selbst Geschäftsführende, die stark und selbstbewusst auftreten, brauchen eine Person an ihrer Seite, die sie unterstützt – auch um Themen zu besprechen, die die Führungskraft »schwach« in der Öffentlichkeit erscheinen lassen könnten. Denn die Meinung, dass diese Top-Manager alles wissen und nie an sich selbst zweifeln, lässt sich keinesfalls bestätigen. Doch da sie (vor)herrscht, ist es umso schwieriger für Führungskräfte, ein Netzwerk aufzubauen, auf das sie sich hundertprozentig verlassen können. Daher empfehle ich auch hier, schon früh mit dem Aufbau des Netzwerks anzufangen. Warte nicht, bis du es brauchst. Je früher du anfängst, desto nachhaltiger und vertrauenswürdiger ist dieses Netzwerk. Analysiere genau, welche Unterstützung du für was brauchst: Mitarbeiterführung, Strategie, Mental Health? Doch selbst wenn du das noch nicht weißt, kann dir dein Netzwerk helfen. Du bist nicht allein mit deinen Fragen und Ängsten, die dich und deine Führungsrolle betreffen.

Apropos schwach und was immer wieder ausgeblendet wird: Auch als Führungskraft darfst du »Schwäche« zeigen. Das Konzept oder das Mindset, dass der Manager alles weiß und kann, verursacht nur unnützen Druck und wenig Verständnis bei den Mitarbeitenden, wenn dann doch nicht alles funktioniert. Daher ist es okay, Schwäche zu zeigen, obwohl das eigentlich nicht richtig formuliert ist. Ich nenne es Mensch sein und Charakterstärke. Wenn du zeigen kannst, dass auch bei dir nicht immer alles läuft, nimmst du den Druck von deinen Mitarbeitenden, »perfekt« sein zu müssen. Je offener und authentischer Menschen miteinander kommunizieren können, desto weniger Fehler passieren. Und wenn sie passieren, werden sie viel schneller gelöst, weil man sie klar kommunizieren und offen lösen kann. Zudem sieht ein Mitarbeiter dich dann auch viel wahrscheinlicher als Teil seines eigenen Unterstützungsnetzwerks, weil er Vertrauen zu dir aufbauen kann. »Ach, er ist doch auch menschlich.« Aber selbst, wenn du nicht Teil des Unterstützungsnetzwerks deiner Mitarbeitenden bist, ist es wichtig, ihnen die Möglichkeit zu geben, dass sie eins aufbauen können. Ihnen Mentorenprogramme anzubieten oder ihnen die Möglichkeit zu geben, andere Kollegen kennenzulernen, kann deinen Mitarbeitenden helfen, ihr Unterstützungsnetzwerk zu erweitern.

Zum Beispiel: Es gibt ganz sicher Fragen, die du als männlicher Chef weiblichen Mitarbeiterinnen nicht beantworten kannst (und andersherum). Wenn du es einer Mitarbeiterin daher ermöglichst, sich über »frauenspezifische« Themen mit weiblichen Führungskräften austauschen zu können, zeugt das von Empathie. Du zeigst Verständnis und bietest deiner Mitarbeiterin die Möglichkeit, sich weiterzuentwickeln und eine Vertrauensperson für ihre Themen zu finden.

People. Ein essenzieller Baustein für das Erfolgs-Mindset. Wir sind Menschen und soziale Wesen. Wir brauchen den Austausch und die Bindung zu anderen Menschen. Wir sind aufeinander angewiesen und brauchen ein Unterstützungsnetzwerk. Jede Person sollte – und kann! – für sich selbst definieren, was das konkret für sie heißt und was und wen sie dafür braucht. Wenn du dir eine klare Struktur schaffst, kannst du Schritt für Schritt ein wertvolles Netzwerk aufbauen, bei dem es nicht nur um Erfolg, sondern auch um Erfüllung und Anerkennung geht.

9 Path: Gehe deinen Weg

Kleine Schritte führen zu großen Zielen.

9.1 Kleine Schritte sind der Schlüssel

Als ich in Nyon stand, dem Startort der 124-Schweizer-Pässe-Challenge, hatte ich genau diese 124 Pässe vor mir. Eine mächtige Zahl. Nach dem ersten Tag waren es immer noch 119. Gefühlt wurde der sprichwörtliche Berg nicht kleiner.

Abb. 7: Mit kleinen Schritten zu großen Zielen

Wenn wir große Ziele verfolgen, dann ist der Weg sehr lange bis dorthin. Besonders bei Projekten, die Monate oder gar Jahre dauern, ist die Ziellinie oft lange nicht in Sicht. Das führt zu einigen Herausforderungen. Die Motivation kann flöten und der Fokus verloren gehen. Aber gerade bei großen Zielen ist es sehr wichtig, motiviert und fokussiert zu bleiben.

So bleibst du motiviert
Alle Ps tragen zu Motivation und Fokussierung für das Ziel bei, aber der Path steht dafür, beide auf dem ganzen Weg aufrechtzuerhalten. Gestalte dir daher einen Weg, der motivierend ist – und schon ist das Ziel so viel einfacher zu erreichen.

So geht es: Unterteile das große Ziel zunächst in Miniziele. Wenn ich bei der 124-Schweizer-Pässe-Challenge besonders am Anfang nur an das Ziel (124 Pässe!) gedacht hätte, dann wäre das sehr frustrierend gewesen. Stattdessen habe ich das große Ziel nicht nur in das Erreichen der einzelnen Pässe aufgeteilt, sondern auch die Pässe in Miniziele unterteilt. Mein Unterstützungsfahrzeug ist immer vorgefahren und hat an der Seite geparkt, wo ich es sehen konnte. Das wurde mein stetiges (Mini-)Ziel. Ich habe es eingeholt und überholt. Dann ist das Unterstützungsfahrzeug wieder vorgefahren und hat an der Seite geparkt. Dieses Spiel haben wir die gesamten 26 Tage durchgezogen. Ich habe mich immer auf das kleine Ziel fokussiert und somit stets einen Fortschritt gefühlt. Wieder ein Teilziel erreicht! Das ist sehr wichtig. Mit dem greifbaren Fortschritt siehst du, dass sich die Energie lohnt, die du aufwendest. Baue daher regelmäßige Milestones ein. Das hält deine Motivation hoch und bewahrt den Fokus. Zudem erkennst du mit der Einteilung in Miniziele sofort, wenn etwas nicht nach Plan läuft. Dann kannst du sofort handeln. Wenn du nur das große Ziel im Auge behältst, das so weit weg ist, merkst du nicht sofort, wenn du vom Kurs abschweifst.

Dieses Buch erforderte zum Beispiel das Schreiben von mindestens 240.000 Zeichen. Als absolute Zahl schien das überwältigend. Daher habe ich die Zeichenanzahl in Miniziele aufgeteilt. Zuerst war mein Ziel 10.000 Zeichen, dann 20.000 und so weiter. Bei jedem Erreichen eines Miniziels habe ich innerlich gefeiert und das Gefühl, etwas erreicht zu haben, hat sich eingestellt. Ich habe mich gut gefühlt. Natürlich mit dem Gedanken, dass es noch nicht vorbei ist, aber ich habe den Fortschritt nicht nur gesehen, sondern auch gespürt. Das macht einen großen Unterschied für die Motivation.

Die Einteilung in kleine Ziele hat auch andere Vorteile: Du kannst das Ziel effizienter verfolgen. Wenn du viele kleine greifbare Ziele hast und eines davon klappt gerade nicht (weil du zum Beispiel auf etwas warten musst), dann kannst du ein anderes Miniziel verfolgen. Natürlich nur, wenn diese nicht voneinander abhängig sind. Diese Arbeitsweise hilft mir und hoffentlich auch dir, motiviert zu bleiben und stetig das größere Ziel zu verfolgen. Bei diesem Buch war es zum Beispiel ein Ziel, den Text zu verfassen, aber es beinhaltete auch die Erstellung der Grafiken, das Coverbild und die Gestaltung des Marketingplans. Viele verschiedene Teilziele, die nicht unbedingt abhängig voneinander sind. Wenn ich also mal einen unkreativen Tag hatte und kein Wort auf das Papier bekam, habe ich mir ein anderes Miniziel vorgeknöpft und an den Grafiken gearbeitet. Anstatt den Tag als verloren und demotivierend zu sehen, habe ich ihn anderweitig genutzt und bin meinem großen Ziel, das Buch fertig zu schreiben, trotzdem ein Stück nähergekommen.

Ein Tipp: Auch hier hilft Aufschreiben. Ich schreibe immer alle Miniziele in Google Keep. Welches Tools du nutzt, ist egal – Hauptsache, du schreibst sie auf. Dort hake ich dann jedes Miniziel ab. Das führt wiederum zu einem Gefühl von Fortschritt und hält die Motivation hoch. Das sind leicht anwendbare Mittel, um fokussiert und motiviert auf dem Weg zu deinem großen Ziel zu bleiben.

9.2   Eine motivierende Perspektive entwickeln

Im vorherigen Kapitel (9.1) haben wir über das Verfolgen des Zieles gesprochen, als würden wir den Weg schon gehen. Aber häufig wagen wir den Schritt erst gar nicht, weil wir den Weg so sehen:

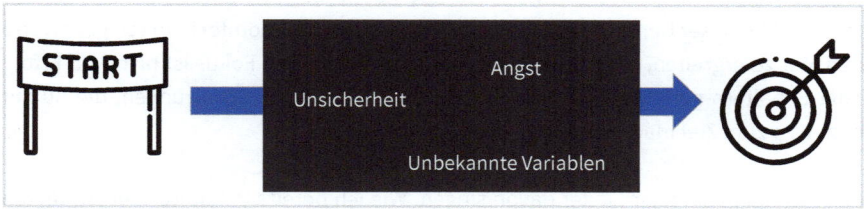

Abb. 8: Path – Wenn wir den Weg mit negativen Emotionen verknüpfen

Auf der linken Seite von Abbildung 8 sind wir in der Gegenwart. Auf der rechten Seite ist die Zukunft inklusive Ziel. Wenn wir dieser Denkweise folgen, dann begeben wir uns mit dem ersten Schritt Richtung Ziel in eine schwarze Box mit negativen Emotionen, Ängsten und Unsicherheiten, weil wir ja nicht wissen, wie der Weg zum Ziel aussieht. Wir hoffen einfach nur, dass wir irgendwie aus dieser schwarzen Box herauskommen und unser Ziel erfolgreich erreichen. Den Weg verknüpfen wir mit negativen Emotionen. Und da wir uns ungerne auf negative Emotionen einlassen, machen wir uns – mit dieser Denkweise – erst gar nicht auf den Weg Richtung Ziel, sondern bleiben in der Komfortzone. (Wobei Komfort für viele nicht mehr der richtige Begriff ist, weil sie sich nicht wohlfühlen!)

Aber was ist, wenn wir den Weg zum Ziel so sehen?

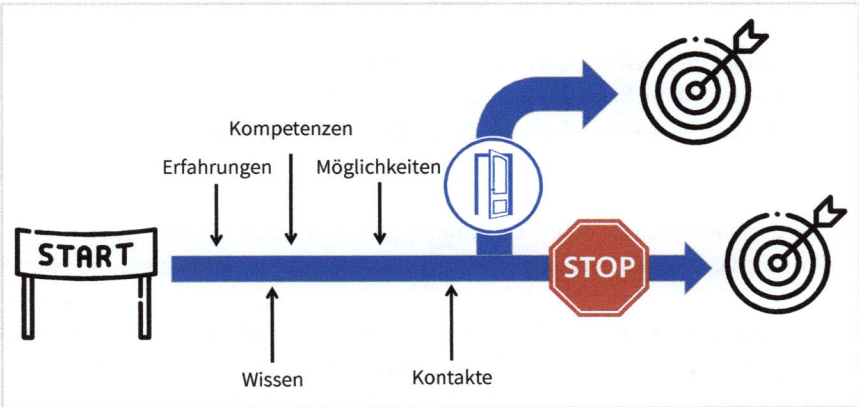

Abb. 9: Path – Wenn wir bereits den Weg als Erfolg sehen

Links sind wieder wir in der Gegenwart, rechts steht die Zukunft mit dem Ziel. Mit dieser Denkweise – der Weg ist bereits Erfolg – siehst du mit jedem Schritt Richtung Ziel, wie du Wissen, Kontakte, Erfahrungen, Möglichkeiten und Kompetenzen erhältst. Und das auch ohne das Erreichen des Ziels. Und wenn du aus irgendwelchen Gründen dein Ziel nicht erreichen kannst und ein Stoppschild dir den Weg versperrt, öffnen sich andere Türen – allerdings nur, wenn du überhaupt losgehst und den ersten Schritt machst. Mit dieser Denkweise ist es so viel leichter, aus der Komfortzone zu gehen und den Mut zu ergreifen, etwas Neues zu beginnen. Denn dein Fokus ist nicht auf Erfolg oder Scheitern gerichtet, sondern auf all die wunderbaren Erfahrungen, die du auf dem Weg zum Ziel machen kannst.

Auch ich kann ein paar Lieder davon singen. Wie ich bereits in Kapitel 2 erzählte, bin ich mit 19 Jahren für das Studium in die USA gezogen. Es war für mich eine wahnsinnig mutige Entscheidung. Ich konnte kaum Englisch. Im Abitur hatte ich zweimal mangelhafte Noten erhalten. Ich war noch nie in den USA gewesen und musste Abschied von meiner Familie und Freunden für mindesten vier Monate nehmen, bevor ich nach dem Semester wieder zurückkehren würde. Was mich erwartete? Das wusste ich nicht wirklich. Ich wollte Volleyball spielen und hatte ein Stipendium bekommen. Ich hatte Angst vor dem Unbekannten, aber die Neugier auf das Abenteuer sowie mein Traum, flüssig Englisch zu sprechen und Teil eines US-Volleyballteams zu werden, waren größer. Ich war aufgeregt, denn ich wollte erleben, was es noch alles »da draußen« gibt. Ich hatte einen großen Wissens- und Erfahrungsdurst. Dieser sowie meine positive Einstellung zu einer unbekannten Zukunft haben meine Entscheidung leichter gemacht, diesen mutigen Schritt zu wagen. Auch Kapitel 5, Potential, erläutert diese Freude am Wachsen und Lernen.

Ganz praktisch: Freude und Neugier

- Worauf freue ich mich, wenn ich mir Ziele setze?
- Was macht mich neugierig?
- Welchen Mehrwert schafft mir der Weg – unabhängig vom Erreichen des Zieles?

Sind es beispielsweise die neuen Erfahrungen, die du machen wirst? Ist es unbekanntes Wissen, das du erlangen kannst? Sind es die Menschen, denen du begegnen wirst?

Für mich war der Umzug nach Spanien noch eine viel größere Unbekannte. Mit dem Umzug in die USA wusste ich zumindest, dass auf der anderen Seite des Ozeans jemand steht, der mich abholt und ich Teil eines Programms (Studium und Volleyballteam) sein würde. Bei dem Umzug nach Spanien gab es: nichts. Ich bin aus dem Flieger ausgestiegen, habe den Mietwagen abgeholt und hatte nur eine Hotelübernachtung gebucht. Für den Tag danach hatte ich keinen Plan – außer die Frage zu beantworten, was ich beruflich mit meinem Leben machen will.

Vor diesem Flug von Melbourne nach Spanien hatte ich viele Ängste: die Angst, einen Fehler zu machen, weil ich dort noch keinen Job hatte. Die Angst, mich einsam in einem Land zu fühlen, wo ich noch nicht einmal die Sprache konnte. Die Angst, dass ich meine Frage nach dem beruflichen Sinn des Lebens nicht würde beantworten können. Die Angst, keine Motivation mehr zu haben. Die Angst, nicht mehr in die Gesellschaft zu passen. Dennoch habe ich es getan, weil ich von vorherigen Erfahrungen gelernt habe, dass das Neue *immer* einen Mehrwert für mein Leben und meine Weltansicht bietet. Als ich nach einem 30-Stunden-Flug in Malaga ankam, habe ich den warmen Wind gespürt, der nach Meer roch, das schöne Spanisch gehört sowie die wehenden Palmen mit der weiten Sicht auf das Meer gesehen. Ich war in einer neuen Welt, in der ich mich sofort wohlgefühlt habe und ich wusste, es wird alles gut werden. Es war eine Welt voller neuer Möglichkeiten, meinen Wissensdurst zu stillen, meine Lebenserfahrung zu bereichern und meine Neugier darauf zu erfüllen, was ich erreichen kann.

Auf den Punkt

Habe Mut loszugehen. Habe Vertrauen, deine Sichtweisen zu ändern – und zwar in eine Richtung, die dich motiviert, statt dich zu bremsen.

9.3 Auf das Unbekannte einlassen

Je länger wir über eine Entscheidung nachdenken, desto größer wird das »Albtraumszenario«, das sich in unserem Kopf zusammenbraut. Mir geht es zuweilen auch so. Ich stelle mir die schlimmsten Sachen vor, die passieren können und dass es nur ein binäres Ergebnis gibt: 0 oder 1. Schlecht oder gut. Scheitern oder Erfolg. Aber daraus entsteht ein Korsett, ein unfreies Denken. Wir verpassen die Chance, uns auf unbekanntes Terrain zu begeben. Wir vergessen den Weg, der uns so viel lehrt. Wenn wir uns aus unserer Komfortzone begeben, ist das Erste, was wir tun: lernen und wachsen. Wir bleiben nicht auf dem gleichen Wissensstand, sondern wir machen Erfahrungen und wachsen an ihnen. All meine wunderbaren Erfahrungen waren nicht geplant. Sie entstanden aus dem gewagten Sprung ins Unbekannte. Ich hätte mir niemals erträumen können, welch wunderbare Menschen ich in Spanien kennenlerne. Ich hätte mir niemals ausmalen können, dass der Neustart in Spanien der Baustein für mein jetziges Unternehmen in der Schweiz sein würde. Wo wäre ich jetzt, wenn ich nicht den Mut gehabt hätte, nach Spanien zu ziehen? Vielleicht noch in der gleichen Position in Melbourne, genauso unglücklich und unerfüllt?

Folgende Frage stelle ich mir immer – und sie hilft hoffentlich auch dir –, wenn ich eine »gewagte« Entscheidung treffen möchte:

Eine entscheidende Frage

Ist die Angst vor dem Scheitern und vor dem Unbekannten größer als die Angst, dass sich nichts ändert und mein Leben passiv, unglücklich und unerfüllt an mir vorbeizieht?

Alles perfekt zu regeln, keine Fehler zu machen und unspektakulär Tag ein, Tag aus einem unerfüllten Leben nachzugehen: Willst du dich damit zufrieden geben und dir einreden, »dass es halt nicht anders geht«? Ja, das kann funktionieren. Wenn du einen Grund suchst, keinen Mut zu fassen, um dein Leben aktiv zu gestalten, findest du ihn. Aber die Frage, die dich wirklich voranbringen wird, lautet nun einmal: Was willst du aus deinem Leben machen? Und was hält dich derzeit davon ab? Du musst nicht auf die andere Seite der Welt ziehen oder deinen aktuellen Job sofort kündigen. Du musst nicht dein ganzes Leben umkrempeln. Doch wenn du unzufrieden bist, lass dich auf Neues, Unbekanntes ein. Die Größe deiner Schritte bestimmst du. Mache kleine (Kapitel 9.1), zum Beispiel ein neuer Weg zur Arbeit, oder größere, wie den Umzug in eine andere Stadt oder ein neues Land. Egal was es ist: Definiere deinen nächsten Schritt so, dass er realistisch und motivierend ist, ihn zu gehen.

9.4 Der Mut, den ersten Schritt zu gehen

Oft sind wir der Ansicht, dass wir entweder den Mut haben oder eben nicht, um den ersten Schritt zu wagen. Wir denken auch hier binär, er ist »an« oder »aus«. Aber dem ist nicht so. Mut ist tatsächlich eine Übungssache. Er ist wie ein Muskel, den du trainieren musst, wenn er stärker werden soll. Wenn du erste kleine Schritte aus der Komfortzone machst, lernst du, risikobereiter zu werden und traust dir dann auch größere mutige Schritte zu.

Mut

Mut wird sehr verkürzt als die Fähigkeit definiert, trotz Angst, Gefahr oder Unsicherheit zu handeln. Eine weitere Definition stammt von Mark Twain: »Mut ist Widerstand gegen die Angst, Sieg über die Angst, aber nicht Abwesenheit von Angst.« (Dean, o. J.)

In seinem Essay »Beantwortung der Frage: Was ist Aufklärung?« definiert Immanuel Kant Mut als den Willen, sein eigenes Denken zu nutzen, sich von fremder Anleitung zu befreien und den Mut zu haben, sich seines eigenen Verstandes zu bedienen. Er betont, dass Mut erforderlich sei, um gegen den bequemen Zustand der Unmündigkeit anzugehen und sich dem selbstständigen Denken zuzuwenden. (Larmagnac-Matheron, 2022)

Eine wunderbare Ergänzung bietet Albert Camus: »Anders zu sein ist weder eine gute noch eine schlechte Sache. Es bedeutet lediglich, dass man mutig genug ist, um man selbst zu sein.« (Ebenda)

Fehlender Mut bedeutet häufig, dass eine Person noch nicht bereit ist, den ersten Schritt in ein neues Leben zu gehen. Entweder hat sie sich noch nicht oder ungenügend auf den Schritt vorbereitet oder ihren Mut lange nicht angewandt und ist somit aus der Übung.

Ganz praktisch: Was bremst deinen Mut?

Weißt du eigentlich, warum dir der Mut fehlt? Folgende Fragen können dir helfen, es herauszufinden:

- Was fehlt mir wirklich, damit ich meine Ziele umsetzen kann?
- Warum gehe ich den ersten Schritt nicht?
- Wovor habe ich konkret Angst?
- Ist meine Komfortzone zu schön?
- Ist meine Motivation nicht hoch genug?
- Was bezeichne ich für mich als mutigen Schritt?

Ich hatte eine Klientin, die 30 Jahre als COO in derselben Firma tätig war. Dann wollte sie etwas Neues beginnen. Sie hatte das Gefühl, dass sie in ihrer Rolle nicht ihr volles Potenzial ausschöpft. Sie war 45 Jahre alt, verheiratet und hatte zwei Kinder. In ihrer ganzen Karriere hatte sie bisher nur Erfahrung in diesem Unternehmen gesammelt. Es war ein sehr großer Schritt für sie zu kündigen, da sie Familienverpflichtungen und keine Erfahrung auf dem Arbeitsmarkt hatte. Sie kam zu mir mit einem Ziel, das für sie nicht umsetzbar schien. Obwohl sie es wollte, zweifelte sie stark, ob sie mit 45 Jahren überhaupt noch neue Ziele verwirklichen sollte. Ist es nicht schon zu spät? Und würde sie ihre Mitmenschen nicht enttäuschen? Innerhalb eines Jahres haben wir einen Plan, vor allem einen mentalen, erarbeitet, der ihr erlaubte, ihren Job zu kündigen und ihrer Leidenschaft nachzugehen. Wie kam sie zu ihrem Erfolg? Sie hat in Minischritten gearbeitet. Jede Woche kam ein kleiner Schritt hinzu und nach einem Jahr war dieser große Schritt der Kündigung nur noch eine Formsache.

Jede – vor allem große – Entscheidung darf Zeit brauchen. Aber warte nicht darauf, bis »der richtige Zeitpunkt« kommt, sondern unterteile diese große Entscheidung in viele kleine Entscheidungen, in Minischritte, und arbeite kontinuierlich und mit Freude daran, dass du die große Entscheidung schließlich treffen kannst. Vermeide die Verlagerung auf einen ungewissen Zeitpunkt: »In der Zukunft wird es bestimmt leichter fallen.« Nein, es wird nur leichter fallen, wenn du bereits im Hier und Jetzt und nicht erst in vager Zukunft etwas unternimmst.

So definierst du deine kleinen Schritte

Ich empfehle ein pragmatisches Vorgehen: Nimm dir ein Papier und schreibe auf der linken Seite deine Gegenwart auf: Wo stehst du gerade? Wie sieht deine derzeitige Situation aus? Auf der rechten Seite des Papiers notierst du deine Zukunft mit dem Ziel.

Schreibe dein Ziel so konkret wie möglich auf. Falls du es noch nicht genau weißt, ist das okay. Dann setze an die Stelle zunächst ein Fragezeichen. Aber tue es, damit es schon mal auf deinem Plan steht. Dann schreibe darunter zwischen der Gegenwart und dem zukünftigen Ziel auf, was es braucht, um dieses Ziel zu erreichen. Jeden einzelnen Schritt. Wenn du zum Beispiel Laufen möchtest, könnten die Schritte so aussehen (Abbildung 10):

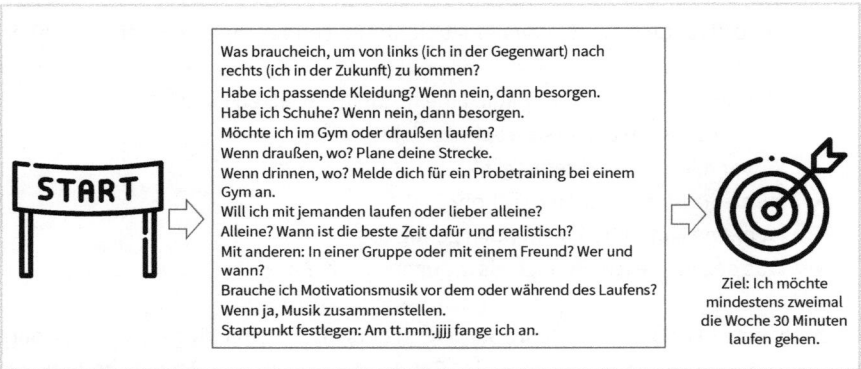

Was brauche ich, um von links (ich in der Gegenwart) nach rechts (ich in der Zukunft) zu kommen?
Habe ich passende Kleidung? Wenn nein, dann besorgen.
Habe ich Schuhe? Wenn nein, dann besorgen.
Möchte ich im Gym oder draußen laufen?
Wenn draußen, wo? Plane deine Strecke.
Wenn drinnen, wo? Melde dich für ein Probetraining bei einem Gym an.
Will ich mit jemanden laufen oder lieber alleine?
Alleine? Wann ist die beste Zeit dafür und realistisch?
Mit anderen: In einer Gruppe oder mit einem Freund? Wer und wann?
Brauche ich Motivationsmusik vor dem oder während des Laufens? Wenn ja, Musik zusammenstellen.
Startpunkt festlegen: Am tt.mm.jjjj fange ich an.

Ziel: Ich möchte mindestens zweimal die Woche 30 Minuten laufen gehen.

Abb. 10: Beispiel für eine konkrete Zielsetzung inklusive Minischritte

Meine Klientin hat genau so eine Liste für ihre Kündigung erstellt. Diese beinhaltete unter anderem Gespräche mit den Mitarbeitenden, Aktienverkauf und Gespräche mit der Geschäftsleitung – sowie die Sortierung von Gedanken, wie sie ihre Zukunft nach der Kündigung gestalten möchte. Zuerst hatte sie keinen Plan, nur eine Leidenschaft, die sie verfolgen wollte. Aber weil sie durch ihre aktuelle Arbeit im Dauerstress war, hatte ich sie keine mentale Kapazität, über ihre Zukunft nachzudenken. Daher ist meine erste Empfehlung immer, dir zunächst genau diese mentale Energie einzuräumen, um über deine Ziele nachzudenken. Denn das funktioniert nicht nach einem zehnstündigen Arbeitstag, sondern erst, wenn du physischen, aber vor allem mentalen Abstand nimmst (siehe Kapitel 6, Power, und 7, Perspective). Mit jedem Schritt zum Ziel hat meine Klientin zunehmend das Gefühl bekommen, dass sie das Richtige tut. Sie hat sich Zeit gelassen und das gab ihr die mentale Energie, jeden Schritt mit gutem Gefühl umzusetzen.

9.5 Deine Motivation aufrechterhalten

Die Frage nach der Motivation wird mir oft gestellt. »Moni, wie kannst du bei 124 Pässen immer motiviert bleiben?« Die Antwort: Ich tue es nicht. Aber ich bereite mich darauf vor, unmotiviert zu sein. Ich kenne keine Person, die jeden Tag voll bei der Sache ist (wenn du eine bist, bitte schreibe mir, damit ich endlich eine kenne). Und das ist nur menschlich. Es gibt einfach Tage, die sind mies. Schlaf schlecht, Wetter schlecht,

Kaffee schlecht, Laune schlecht. Nichts passt. Dann liest du vielleicht auch noch einen Artikel über megaerfolgreiche Personen, die immer hoch motiviert sind und schon kommst du in eine negative Gedankenspirale, dass du einfach nicht das Zeug hast, erfolgreich zu sein.

Es gibt Tage, an denen bin ich sehr unmotiviert. Und gerade als Selbstständige gibt es keinen Chef, der einen um neun Uhr auf der Matte erwartet. Aber anstatt überrascht zu sein, dass meine Motivation mich im Stich lässt, bin ich vorbereitet. Ich habe dafür zwei Action-Pläne.

Meine persönlichen Motivations-Action-Pläne

1. **Plan 1, der Trotzdem-Plan**: Ich bin unmotiviert, weiß aber, dass die Arbeit gemacht werden muss. Dann habe ich mehrere Möglichkeiten.
   - Ich mache mir bewusst, wie weit ich schon gekommen bin. Ich werfe einen Blick zurück und sehe, wie viel harte Arbeit hinter mir liegt. Ich mache mir klar, dass es okay ist, dass es auch nicht so motivierende Tage gibt. Dies hilft mir, mich nicht unter Druck zu setzen. Heute heißt es dann einfach mal, mit halber Geschwindigkeit weiterfahren – egal ob das beruflich, privat oder wortwörtlich auf dem Rad ist.
   - Ich ändere meine Aufgaben für den Tag. Als Selbstständige habe ich Aufgaben, die mir immer Spaß machen, egal wie demotiviert ich bin. Die behalte ich meistens in der Hinterhand als Trumpf, wenn mal ein Demotivationstag kommt. Finde deinen Lieblingsaufgaben und reserviere sie dir für solche Momente.
   - Ich mache mir bewusst, wie dankbar ich sein kann für das, was ich habe – meine Familie, meine Freunde, meine Gesundheit, die Möglichkeiten, meine Ziele angehen zu können. Mir dessen bewusst zu werden, dass der Zustand nicht selbstverständlich ist, entfacht in mir neue Energie und Motivation.
   - Ich rufe Familie und Freundinnen an, die meistens sehr gut gelaunt sind. Nach solchen Gesprächen bin ich häufig bereits deutlich motivierter.
   - Ich lenke mich ab – das hat besonders bei der 124-Schweizer-Pässe-Challenge geholfen. Anstatt mich darauf zu konzentrieren, wie sehr ich gerade keine Lust auf xy habe, lenke ich meinen Fokus auf etwas Neues, das mich auf andere Gedanken bringt.
2. **Plan 2: Demotivationstag.** Es gibt tatsächlich Tage, an denen jeder Remotivationsversuch scheitert. Das passiert bei mir sehr selten, aber es gibt sie. Die Tage, an denen ich nicht aufstehen möchte, Decke über den Kopf und mit Fastfood reihenweise irgendwelche TV-Serien anschauen. Und genau das tue ich dann auch. Anstatt krampfhaft zu versuchen, irgendetwas auf die Beine zu stellen und den Tag »irgendwie« produktiv zu gestalten, mache ich ihn zum

Gammeltag – ohne Reue. Ich nehme mir bewusst einen Demotivationstag und – ganz wichtig – genieße ihn. Das kleine Mantra: »Heute schalte ich *bewusst* auf null Prozent runter. Morgen bin ich wieder mit hundert Prozent am Start.« Manchmal ist es einfach wichtig und wunderbar befreiend, den Motor komplett herunterzufahren, anstatt ihn dauerhaft mit halber Power laufen zu lassen.

Es ist entscheidend, dir darüber im Klaren zu sein und zu akzeptieren, dass es nicht immer möglich ist, ständig motiviert zu sein. Wir sind keine Maschinen, wir haben Emotionen und Gefühle. Da du aber nun weißt, dass es diese Tage gibt, kannst du dich auf sie vorbereiten. Gestalte deinen eigenen Action-Plan. Was hilft dir, wenn die Motivation zu wünschen übrig lässt? Ein Telefonat mit einem Freund, eine Wechseldusche, dein Lieblingskaffee, ein freier Nachmittag? Schreibe dir deinen persönlichen Motivations-Action-Plan auf. Mit dieser Strategie hast du auch nicht das Gefühl, dass du aufgibst, wenn du einen schlechten Tag hast. Er ist einfach Teil deiner wunderschönen Reise zum Ziel.

Das 6P Erfolgs-Mindset Modell bietet dir sechs Motivationsbooster
Das 6P Erfolgs-Mindset Modell gibt dir Struktur und jedes der 6Ps hilft dir, deine Motivation zu behalten.
1. **Purpose**: Warum machst du das, was du machst? Erinnerst du dich auf deinem Weg zu deinem Ziel regelmäßig an den Grund? Je stärker dein Purpose, desto motivierter wirst du sein, ihn zu verfolgen.
2. **Potential**: Binde deine Stärken und Werte in deinen Weg so stark wie möglich ein. Das Gefühl, dein Wissen und dein Potenzial auf dem Weg einbringen zu können, ist eine große Motivation.
3. **Power**: Bist du in Verantwortung und kannst Entscheidungen treffen für dein Ziel? Triffst du sie auch? Je aktiver du auf deinem Weg zum Ziel bist, desto motivierter bist du.
4. **Perspective**: Kannst du den Fokus für dein Ziel bewahren oder welche »Tools« (z. B. tägliche Reminder, Social-Media-Auszeiten) kannst du einbinden, um dich immer wieder auf dein Ziel zu fokussieren? Je mehr du den Fokus behältst, desto motivierter wirst du sein.
5. **People**: Hast du Menschen um dich herum, die dich besonders an harten Tagen motivieren? Gibt es Menschen, die den Weg mit dir gehen?
6. **Path**: Setzt du dir erreichbare und motivierende Minischritte? Wenn du regelmäßig Miniziele feiern kannst, desto motivierter wirst du sein weiterzumachen.

Auf den Punkt

Der Weg ist tatsächlich das Ziel und an sich schon ein Erfolg. Du kannst so viel lernen, Menschen treffen, Wissen tanken und Erfahrungen sammeln. Schließlich ist das ganze Leben ein Weg. Und die ersten 5Ps – Purpose, Potential, Power, Perspective und People – bereiten einen bedeutsamen, erfüllenden und erfahrungsreichen Path für das Ziel auf.

9.6   Path für Führungskräfte

Führungskräfte haben die Aufgabe, ihr Team zu motivieren sowie sie motiviert zum Ziel zu führen – je nach Ziel eine schwierige Aufgabe. Besonders bei großen, langfristigen Projekten, bei denen der Zeitrahmen ambitiös, wenn nicht gar unrealistisch erscheint, die Projektrollen und Verantwortungen nicht klar sind und das Budget eng wird, ist es umso wichtiger für dich als Führungskraft, die Motivation der Mitarbeitenden aufrechtzuerhalten.

Als Führungskraft hast du verschiedene Möglichkeiten, die Motivation aller Beteiligten am Leben zu halten. Die Ansätze bauen auf den 6Ps auf.

1. **Sind die Ziele klar formuliert?** Kennen deine Mitarbeitenden die Ziele und weiß jeder Einzelne, warum er tut, was er tut?
2. **Binde die Stärken (Potential) deiner Mitarbeitenden ein.** Ist eine Mitarbeiterin besonders gut in etwas und hat Spaß daran, dann übergib ihr die Verantwortung dafür. Das Gefühl, das eigene Wissen und die eigenen Stärken beitragen zu können, ist eine große Motivation.
3. **Gib Verantwortung und Purpose.** Wenn Mitarbeitende fühlen, dass sie gebraucht werden und ein wichtiger Teil des Projektes sind, dann wird das ihre Grundmotivation erhöhen. Sie müssen nicht täglich angetrieben werden, sie sind es basierend auf ihrem Purpose innerhalb des Projektes.
4. **Anerkennung und Belohnung.** Wird die Arbeit des Teams anerkannt? Bei großen und langfristigen Projekten: Gibt es mittelfristige Belohnungen? Verteilst du Lob und Anerkennung während des Projektes? Gibt es zum Beispiel einen Teamevent wie ein gemeinsames Essen, wenn ein bestimmter Milestone erreicht wird?
5. **Gib deinen Mitarbeitenden die Chance zu lernen und zu wachsen** und baue eine konstruktive Fehlerkultur auf. Nur wer sich wohl fühlt (Safe Space) und nicht bei jeder Kleinigkeit oder einem Fehler mit negativen Konsequenzen rechnen muss, wird auch aus der Komfortzone gehen.
6. **Erzeuge ein Teamgefühl.** Wenn ein Mitarbeiter weiß, dass er auf die Kolleginnen zählen kann und sie auf ihn, wird er selbst an schlechten Tagen auf der Matte stehen, weil ein Teamplayer seine Kolleginnen nicht im Regen stehen lassen will. Und wenn er doch mal nicht »leistungsfähig« ist, haben die anderen auch dafür Verständnis.

7. **Pflege eine offene und ehrliche Kommunikation.** Du bist als Vorbild ausschlaggebend. Wenn du authentisch und offen bist, dann werden es auch deine Mitarbeitenden sein. Dabei ist es wichtig, dass du auch deine »Fehler« kommunizierst – und wie du mit ihnen umgehst (lösungs- nicht problemorientiert).

8. **Kreiere erreichbare und motivierende Milestones.** Die meisten Projektmanager machen das bereits. Aber sind diese Milestones realistisch oder weißt du bereits im Vorfeld, dass die Timeline nicht machbar ist? Bedenke bitte: Es ist nichts demotivierender als ein Ziel, das von Anfang an nicht erreichbar ist. Wissen die Mitarbeitenden, was der Outcome der Milestones ist beziehungsweise sind diese greifbar für das Team?

Als Führungskraft hast du eine große Verantwortung gegenüber deinen Mitarbeitenden. Durch dein Verhalten kannst du dein Team zu Großem motivieren.

Meine Truppe rund um die 124-Schweizer-Pässe-Challenge war ein zusammengewürfeltes Team und wir waren 26 Tage rund und die Uhr zusammen. Das kann ein Hop oder Flop werden. Bei uns war es ersteres. Oft werde ich gefragt, worauf ich geachtet habe, als ich das Team zusammenstellte: Es war die Motivation der einzelnen Teammitglieder. Wichtig für mich war es, dass es für sie nicht einfach ein 9-to-5-Job war, sondern dass sie hinter dem Projekt und der Mission standen. Was zu einer einzigartigen Teamdynamik führte, war außerdem:

- **Klare Ziele.** Jeder kannte das Ziel und die Anforderungen, um es zu erreichen. Das gab jedem Teammitglied Verantwortung und das Gefühl, gebraucht zu werden, während jeder und jede ihre Stärken in ihre Rollen eingebunden und erweitert haben.

- **Authentisch und offen.** Eine Regel, die ich von Anfang aufgestellt habe: Sag, was dir am Herzen liegt, mit mir angefangen, und wir lösen die Probleme. Dadurch haben sich auch die anderen geöffnet und es war normal, über alles zu reden. Wir haben Herausforderungen sofort gelöst und unser Vertrauen zueinander gestärkt. Wir haben auch immer kommuniziert, wie es uns ging. Wenn mal kein guter Tag war, wussten es alle sofort. Wir konnten die Reaktionen der Person besser nachvollziehen und haben versucht, sie in ihrer Situation zu unterstützen.

- **Tägliche Analyse.** Wir haben täglich analysiert, was gut und was schlecht gelaufen ist. Mir war es wichtig, dass keine Teammitglied mit drückenden Gedanken in den nächsten Tag geht. Das hätte sich nur summiert und irgendwann zur Eskalation geführt.

- **Entscheidungen treffen.** Was mein Team geschätzt hat, ist, dass Entscheidungen getroffen wurden. Es gab kaum einen Moment, in dem wir uns nicht entscheiden konnten. Es gab manchmal auch eine schlechte Entscheidung, aber es wurde eine getroffen. Das gibt Purpose und eine Zielrichtung. Klare Ansagen sind wichtig. Das Gefühl, nicht zu wissen, wie es weitergeht, kann lähmend und demotivierend für das gesamte Team sein.

- **Jeder gewinnt.** Wir sind zu einem Team zusammengewachsen, dem ich komplett vertrauen konnte und die mich zu Höchstleistungen gebracht haben – und umgekehrt. Jedes Teammitglied konnte viel Wissen und Erfahrungen aus dem Projekt ziehen. Als Führungskraft ist es wichtig zu verstehen, was für jedes Teammitglied Mehrwert bietet.

10 Die ersten Schritte zu deinem Erfolgs-Mindset

Die 6Ps – deine neuen Begleiter für eine erfolgreiche Zukunft.

10.1 Entwickle eine positive Denkweise: Erfahrungen statt Ängste

Angst. Die Angst vor dem ersten Schritt. Die Angst vor den Meinungen anderer. Die Angst, einen Fehler zu machen. Die Angst vor dem Scheitern. Es gibt unzählige Gründe, Angst zu haben. Und Angst ist okay, sie ist keinesfalls per se schlecht, denn sie hat eine Schutzfunktion. Allerdings ist Angst ist auch ein Grund, warum eine Person ihre Ziele nicht verfolgt. Ein weiterer Grund: wenn nur das Resultat für eine Person wichtig ist und nicht der Weg dorthin. Je mehr wir uns auf das Resultat fokussieren und den damit einhergehenden Erfolg oder Misserfolg, kann das Druck und somit auch Angst auslösen. Stellen wir den Weg in den Vordergrund und die Erfolge und Erfahrungen, die wir auf dem Weg mitnehmen (Kapitel 9, Path), kann vieles leichter werden.

Stelle dir folgendes Szenario vor: Du bist Profiradfahrer und kannst zwei Rennen bestreiten. Du kannst gegen eine Gruppe von Fünfjährigen fahren, wobei du auf deinem Rennrad sitzt und sie auf ihren Dreirädern. Oder du kannst gegen die Besten der Welt fahren. Beim ersten Rennen gewinnst du so oder so, beim zweiten bist du froh, wenn du überhaupt die ersten fünf Minuten schaffst. Welches Radrennen würdest du annehmen und warum? Es gibt keine richtige oder falsche Entscheidung. Hier geht es darum, dir bewusst zu machen, dass Gewinnen (eine Definition von Erfolg) allein nicht immer zufriedenstellend ist. Die Reise dorthin ist oft ein entscheidender Faktor, wie du Erfolg wahrnimmst. Das zweite Rennen kannst du unterschiedlich antizipieren:

- »Auweia, ich verliere haushoch, weil ich nicht ansatzweise so gut bin wie die anderen.«
- »Krasse Sache. Ich bin im Rennen mit den Besten der Welt. Was für eine einzigartige Erfahrung, bei der ich so viel lernen kann.«

Bei der ersten Denkweise fokussierst du dich auf das Resultat, was du als negativ antizipierst. Bei der zweiten Denkweise fokussierst du dich auf den Weg und die positiven Erfahrungen, die du mitnimmst. Zudem bist du dankbar für den Moment und nimmst ihn nicht als selbstverständlich war, was auch dafür spricht, dass du deine eigene Leistung schätzt. Klar, dass du bei Denkweise 1 Angst hast zu versagen, weil ja das Resultat im Fokus steht. Bei Denkweise 2 hingegen ist die Erfahrung zentral, die du aus diesem Rennen mitnimmst. Du schätzt den Weg, den du schon gemacht hast, um überhaupt an diesem Rennen teilnehmen zu können. Das ist eine viel umfassendere Denkweise.

Auf den Punkt

Lege deinen Fokus nicht auf Angst, sondern auf Opportunity und nicht auf Versagen, sondern auf Erfahrung.

Der Mindset-Shift weg von »Was könnte ich verlieren?« hin zu »Was gewinne ich?« hilft dir, die Angst zu steuern. Auch das braucht Übung, aber diese Haltung wird dir helfen, die Welt mit anderen Augen zu sehen. Statt potenzieller Probleme und Misserfolge siehst du den Erfolg in Wachstum und Erfahrungen. Kinder sind die besten Vorbilder für diese Denkweise. Sie haben dieses positive Mindset, das es braucht, um erfolgreich, erfüllend und zufrieden durchs Leben zu gehen.

Positives Mindset

Das 6P Erfolgs-Mindset Modell gibt dir die Schlüsselfaktoren für ein positives Mindset vor:

1. **Habe einen Purpose** für das, was du tust. Wenn du weißt, warum du etwas tust, hast du einen Sinn und eine Aufgabe, die ausschlaggebend sind für ein positives Mindset.
2. **Sei dir deiner selbst bewusst**, was du kannst, wofür du stehst und was dich motiviert.
3. **Übernimm die Verantwortung** für dein Mindset. Du entscheidest, ob du schlecht oder gut über eine Situation, die Gegenwart und die Zukunft denkst. Entscheide dich, lebensfroh zu denken und das Positive zu sehen.
4. **Hüte deine Energie und deinen Fokus**, sodass du die mentale Freiheit hast, in deinem Sinne zu denken und zu handeln.
5. **Umgib dich mit Menschen, die dich und deine Ziele verstehen**, mit denen du offen kommunizieren kannst und deren Anregungen dich auf konstruktive Art weiterbringen.
6. **Gestalte einen motivierenden und erreichbaren Weg** für deine Ziele.

Mit diesen Faktoren hast du ein starkes Grundgerüst, eine positive Denkweise zu entwickeln. Es wird nicht von heute auf morgen geschehen, aber du wirst schnell Veränderungen erkennen, wenn du aktiv daran arbeitest. Ein positives Mindset ist essenziell für deinen Mut, dein Selbstbewusstsein und deine Resilienz, um dir Ziele zu setzen und sie erfolgreich zu verfolgen.

10.2 Hinterfrage gelernte Erfolgskonzepte

Während einer meiner Workshops, bei dem es um Potenzialentfaltung ging, beschwerte sich eine Frau über ihr Leben und die Last ihrer vielen Erwartungen. Sie war etwa 40 Jahre, hatte zwei Kinder und war im mittleren Management in einem renommierten Unternehmen tätig. Sie wollte eine gute Mutter sein und ihre Kinder zu jeder Aktivität fahren, sie wollte eine gute Ehefrau sein und immer gesundes Essen auf den Tisch stellen, sie wollte eine Top-Karrierefrau sein und in ihrem Unternehmen aufsteigen. Und natürlich wollte sie auch für ihre Gesundheit etwas tun sowie regelmäßig Freunde zum Abendessen einladen. Aber das funktioniere einfach nicht. Als sie all das formulierte, war ich erst einmal baff. Meinte sie das ernst? Als ich sie etwas genauer anschaute, wurde mir klar, sie meinte es todernst und wie sehr sie versuchte, sich in die Rolle der perfekten modernen Frau hinein zu modellieren. Frauen können ja heute alles. Und es gibt viele Frauen, die dieses Ich-bediene-alles-und-jeden-Leben tatsächlich anstreben, das vermeintlich Erfolg verspricht.

Mit diesem Beispiel möchte ich darauf hinweisen, dass und wie wir bestimmten Trends, Meinungen und gesellschaftlichen Glaubenssätzen folgen und häufig unbewusst – und unkritisch – anpassen. Denn obwohl solche Glaubenssätze möglicherweise einen positiven Leitgedanken haben, können sie dir schaden, wenn du sie einfach nach dem »Cookie-Cutter-Prinzip«, also einem standardisierten Ansatz, auf dich anwendest, ohne zu hinterfragen, ob es das Richtige *für dich* ist – und wenn ja, in welcher konkreten Form. Kannst du zum Beispiel einen positiven Grundgedanken auf deine individuellen Bedürfnisse und Ziele anpassen, anstatt ihn blind eins zu eins zu übernehmen?

Kreiere dein eigenes Erfolgskonzept
Wir alle bewegen uns in einem gesellschaftlichen Rahmen und damit auch in einem Pulk von Erwartungen. Uns von den Ansprüchen zu lösen, die nichts mit unserem Weg und Ziel zu tun haben, ist schwer. Dazu müssen wir, musst du dir bewusst machen, welchen Erwartungen du dich bisher unbewusst fügst – und welchen du künftig bewusst nachgehen willst oder eben nicht mehr. Die 6Ps kannst du perfekt auf das Verständnis deiner eigenen Erwartungen und deines Erfolgsbegriffs anwenden und als Filter für all jene Glaubenssätze nutzen, die du aus deinem Leben und Kopf verbannen willst.

Ganz praktisch: der Leitgedanken-Check

Folgende Fragen helfen dir zu verstehen, ob und wie du bestimmte Leitgedanken auf dich überträgst:
* Was ist mein Purpose? Wie steht er in Zusammenhang mit bestimmten gesellschaftlichen Normen, Leitgedanken und Glaubenssätzen?
* Wie kann ich mein eigenes Potential durch die Anwendung meiner individuellen Stärken ausschöpfen?
* Wie bestärke ich meine Eigenverantwortung und bleibe meinen eigenen Werten treu?

- Wie kann ich mich auf meine Ideen und Konzepte fokussieren, ohne von anderen Glaubenssätzen, Leitgedanken und Meinungen abgelenkt zu werden?
- Wer sind die Menschen, die mich unterstützen?
- Wie kann ich meinen Weg gehen, der erreichbar, MACHBAR und motivierend ist?

Die Dame im Workshop folgte unbewusst einem Erfolgskonzept, mit dem sie nicht klar kam, sonst hätte sie sich nicht beschwert. Sie erkannte möglicherweise nicht, dass sie sich in ein Konzept gedrängt hatte, das nicht ihres war. Daher ist es so wichtig, dass du dir bewusst machst, was Erfolg für dich bedeutet.

10.3 Definiere dein eigenes Erfolgskonzept

Mitarbeitende, Führungskräfte, Eltern, Partner – uns allen wird in jedem freien Moment gesagt, wie wir richtig, effektiv und effizient arbeiten, führen, erziehen, lieben können beziehungsweise sollten. New Work, Empathetic Leadership, New Leadership, Eltern x.0, Beziehungsmanagement. Wer kommt da noch mit? Klar, dass wir in unseren Rollen schnell überfordert sind und das eigene Können infrage stellen. Doch es geht nicht darum, ob das eine oder andere Konzept richtig oder falsch ist, sondern darum, dass du für dich herausfindest, wer du bist und wofür du stehst.

Es sollte nicht um das Labeln, also die Klassifizierung deines Lebensstils gehen. Viel wichtiger ist, was du bewirken möchtest. Warum machst du das, was du machst (Purpose)? Wie kannst du dein Potential nutzen, um den Purpose zu verstärken? Wie kannst du deine Power für deinen Purpose nutzen? Wie kannst du Perspective gewinnen? Welche Menschen sind für dich wichtig und wie gestaltest du dir deinen Weg? Finde es für dich heraus – und du bist nicht auf Buzzwords und Trends angewiesen.

Du und dein 6P Erfolgs-Mindset Modell

Dieser Abschnitt hätte auch am Buchanfang stehen können. Und vieles hast du bereits gelesen. Dennoch möchte ich dir abschließend noch einmal komprimiert mitgeben, wie du die 6Ps ab sofort erfolgreich anwenden kannst.

Die 6Ps sind sechs relevante Faktoren für den Aufbau deines Erfolgs-Mindsets. Doch zuvor gilt es zu klären, was Erfolg *für dich* bedeutet. Wir leben in einer Welt mit unendlichen Möglichkeiten, in der traditionelle Erfolgskonzepte nicht mehr tragfähig, teils auch nicht mehr tragbar sind. Das ist befreiend – und bedeutet zugleich mehr Verantwortung, und zwar für deine eigene Definition von Erfolg und Zielen. Das kann beängstigend sein. Aber du kannst nur dann nachhaltig den von dir definierten Erfolg anstreben, wenn du weißt, was er konkret für dich bedeutet. Und genau dafür ist das

6P Erfolgs-Mindset Modell. Es ist eine Struktur, die dir hilft, dein Warum zu beantworten sowie dein Selbstbewusstsein, deinen Mut und deine Resilienz zu stärken, damit du deinen Weg erfolgreich gehst – ob du das Ziel erreichst oder nicht.

Purpose: Was ist dein Warum für deine Ziele? Was ist für dich erfüllend und zufriedenstellend? Je stärker dein Grund für dein Ziel ist, desto weniger wird dich etwas abhalten, es zu verfolgen.

Potential: Kenne und nutze deine Stärken. Wer bist du? Was kannst du? Wofür stehst du? Dich selbst zu finden, beginnt mit Selbstreflexion. Werde dir einer selbst bewusst. Was macht dir Spaß? Wie fühlst du dich aktuell? Worin gehst du auf? Was ist dir wichtig? Was macht dich unglücklich oder unzufrieden? Je besser du dich kennst, desto mehr kannst du das Bewusstsein über dich selbst – dein Selbstbewusstsein – aufbauen und dein nächstes P, die Power, anwenden.

Die **Power**, Entscheidungen zu treffen, Verantwortung zu übernehmen und dein Leben aktiv zu gestalten: Du hast sie in dir– auch wenn du es noch nicht weißt oder verlernt hast, sie zu nutzen. Es scheint einfacher, passiv zuzuschauen, als dein Leben bei den Hörnern zu packen und dein Ding durchzuziehen. Aber deinen Erfolg, wie auch immer er wirklich für dich aussieht, steuerst du mit deiner Power. Ohne sie geht es nicht.

Dabei geht es auch darum, **Perspective** zu schaffen. Wo legst du deinen Fokus, wo steckst du deine Energie rein und wo verschwendest du sie? Ziele brauchen Zeit und Energie und wir haben davon nicht unendlich viel. Wie kannst du sie für dich zielführend nutzen?

Wie prägen dich die Menschen (**People**) in deiner Umgebung? Wer prägt dich derzeit und wie gut tut dir die Person? Unsere Umgebung hat einen großen Einfluss auf uns – im Positiven wie im Negativen. Fokussierst du dich auf die Menschen, die an dich glauben?

Und schließlich: Wie gestaltest du deinen Weg zum Ziel, deinen **Path**? Du darfst das selbst entscheiden – spätestens ab jetzt. Mache kleine Schritte statt großer, scheinbar unüberwindbare Sprünge. Gestalte deinen Path inspirierend, motivierend, bereichernd. Dann ist allein der Weg zum Ziel in vielen Momenten erfolgreich.

All diese Schlüsselfaktoren beeinflussen dein Mindset, deine Denkweise, wie du dein Ziel definierst, wahrnimmst und angehst. Und selbst wenn du dir noch selbst im Weg zu stehen scheinst, was deine Ziele betrifft: Du kannst das ändern. Du hast die Power, dir Ziele zu setzen, die mit dir übereinstimmen, dir Bedeutung und Zufriedenheit geben. Du hast die Power, deine Stärken anzuwenden, aktiv ranzugehen und deine Energie fokussiert einzusetzen sowie dich mit Menschen zu verbinden, die hinter dir stehen. Und dann hast du auch die Power, einen Weg daraus zu gestalten, der dir Spaß macht und Erfolg an sich verspricht. Mut, Resilienz und Motivation resultieren aus der erfolgreichen Umsetzung der 6Ps. Es ist ein natürlicher Prozess.

Beginne mit deiner eigenen Definition von Erfolg und gehe durch die einzelnen Ps durch. Nimm dir die Zeit, die Energie und den Fokus. Das ist Teil deiner Power. Es kann etwas dauern, aber es ist die Reise wert. Es ist *deine* Reise, die *du* definierst. Wohin und wie schnell es geht, ist *dir* überlassen. Eine wunderbare Chance, oder nicht?

Resümee

In diesem Buch habe ich viele Beispiele aus der Berufswelt und dem Sport genannt. Vor allem meine Erfahrungen im (Profi-)Radsport haben mich viel gelehrt und meinen Weg beeinflusst. Aber das 6P Erfolgs-Mindset Modell ist auf alle Lebenssituationen übertragbar. Ob du im privaten oder professionellen Umfeld etwas verändern, dein Erfolgs-Mindset korrigieren oder völlig umkrempeln möchtest: Im Fokus solltest immer du mit deinen Bedürfnissen stehen.

Und genau darum soll und darf es künftig gehen: dass du dir ein Leben gestaltest, in dem du deine Ziele kennst und sie mit Freude und Engagement verfolgst. Spaß ist ein wichtiger Faktor, um dich bei Laune zu halten. Ein verkrampftes Vorgehen ohne authentische Motivation wird dich nur bedingt vorwärts bringen. Geduld ist ebenfalls eine gute Begleiterin. Was hilft es dir, hektisch in die Zukunft zu stolpern? Nimm dir deine Zeit – du wirst sehen, dass Durchatmen und Fokus dir helfen werden, dein großes Ganzes Schritt für Schritt zu erkennen.

Zum Abschluss möchte ich dir noch ein paar Beispiele aus verschiedenen Lebenslagen zeigen, in denen du die 6Ps greifbar anwenden kannst, sowie einige Tipps ergänzen.

Essgewohnheiten ändern
1. Purpose: Warum willst du gewisse Essgewohnheiten ändern? Was erhoffst du dir davon? Egal, wie offensichtlich es ist, schreibe es dir auf, so detailliert wie möglich. Warum möchtest du keine Schokolade mehr essen (z. B. bessere Haut, wohler fühlen)?
2. Potential: Wie kannst du deine Stärken nutzen, um die Gewohnheit zu ändern? Du backst zum Beispiel gerne? Dann probiere eine Alternative mit weniger Zucker und mehr Ballaststoffen aus.
3. Power: Treffe Entscheidungen, die für deine Ziele sprechen. Wenn es Süßigkeiten im Büro gibt, übernimm die Verantwortung, dass du nichts davon nimmst. Schiebe die Schuld nicht auf deine Kollegen, die sie dir anbieten und du aus »Freundlichkeit« nicht Nein sagen willst.
4. Perspective: Wenn es mal einen schlechten Tag gibt und du doch Schokolade isst, wirf dein Ziel nicht über den Haufen. Sehe das große Ganze. Fokussiere dich wieder auf dein Ziel (abnehmen, bessere Haut …)!
5. People: Wer unterstützt dich bei deinem Ziel? Finde Menschen, die dich in deinem Sinne unterstützen wollen. Bitte beispielsweise deine Kolleginnen, die Schokolade zumindest am Anfang in einer Schublade zu verstauen, wo du sie nicht immer sehen musst.
6. Path: Setze dir Miniziele. Von einer ganzen Tafel Schokolade zur Hälfte zu einem Rippchen zu nichts. Und freue dich über jeden kleinen Erfolg. Statt zu denken, »ich

habe ja schon wieder Schokolade gegessen«, freue dich, dass es bereits weniger war als bisher.

Mehr Sport machen

1. Purpose: Warum willst du mehr Sport machen? Abnehmen, fitter fühlen? Schreibe dir dein Warum genau auf.
2. Potential: Wie kannst du basierend auf deinen Stärken mehr Sport in deinen Alltag integrieren? Bist du ein Morgenmuffel oder eine Nachteule? Integriere den Sport so, dass es dir leicht fällt, ihn zu beginnen und fortzuführen. Bist du ein Outdoor-Liebhaber? Dann zwinge dich nicht in das Fitnessstudio und suche dir einen Sport für draußen.
3. Power: Blocke dir aktiv die Zeit zum Sportmachen. Es ist leicht, »einfach keine Zeit« dafür zu haben. Aber wenn du einen starken Grund für das Sport-machen hast (Purpose), dann wirst du auch aktiv deinen Terminkalender dafür blocken.
4. Perspective: Es gibt immer Menschen, die mehr und besser Sport machen als du – das kann sehr demotivierend sein. Blende daher die anderen aus, vergleiche dich nicht, sondern fokussiere dich auf dich. Es ist egal, wie schnell, lang, hoch und weit du läufst. Wichtig ist, dass du es machst!
5. People: Suche dir Menschen, die dich unterstützen, zum Beispiel eine Freundin, die mitmacht oder der Chef, der dich aktiv motiviert, dass du über die Mittagspause eine Stunde Zeit für deinen Sport hast.
6. Path: Beginne mit kleinen Schritten. Nimm dir die Zeit, die machbar und realistisch ist, zum Beispiel 15 Minuten. Auch ich habe nicht mit meinen Radrekorden begonnen, sondern mit einer 50-km-Gruppenradtour, bei der ich bereits nach fünf Kilometern nicht mehr hinterherkam. Alle beginnen klein. Wichtig ist dranzubleiben. Daher baue deine Schritte so auf, dass du eine Routine daraus entwickeln kannst.

Tipp: Fordere das Selbstsabotage-Teufelchen heraus
Wenn du dir immer nur den Kopf zerbrichst und nichts in die Wege leitest, blockierst du dich selbst. Besser und erfolgreicher ist es zu handeln und mit Freude erste kleine Schritte zu tun. Das hilft dir sehr schnell, den Teufelskreis zu durchbrechen. Im Kopf haben wir eine unglaubliche Vorstellungskraft, doch wenn es keinen Reality-Check gibt, können sich diese häufig guten und für dich richtigen Ideen zu komplett unrealistischen Fantasien aufbauen.

Tipp: Profitiere von der 60-Sekunden-Regel
Um in kleinen Schritten loszulegen, empfehle ich dir die 60-Sekunden-Regel. Statt beispielsweise die ganze Wohnung putzen zu wollen (»Ich weiß gar nicht, wo ich anfangen soll«, »Es ist ja eh gleich wieder unordentlich«), erledige Dinge, die in einer Minute getan sind – und zwar immer wieder zwischendurch: Spülmaschine ein- oder ausräumen, Wäsche aufhängen, den Schreibtisch aufräumen, ein Zimmer saugen. So wird der »Großputz« deutlich kleiner und du fühlst dich spürbar wohler. (Trausch, 2024)

Tipp: Gönne dir Geduld

Gerade in unseren heutigen hektischen Zeiten erlaube dir, deine Räume für Selbstreflexion zu schaffen. Nicht umsonst heißt es: »In der Ruhe liegt die Kraft.« Und dann handle, statt zu grübeln, aber überfordere dich nicht. Denn dazu gibt es keinen Grund. Für dein Erfolgs-Mindset bist allein du verantwortlich. Und das ist (d)eine Chance und keine Bedrohung. Nimm dir deine Zeit und erlaube dir, geduldig an dir und deinem neuen Weg zu arbeiten.

Du bist am Zug – kleine Mantras zur Unterstützung

Ich entscheide, was Erfolg für mich heißt.

Ich gestalte aktiv mein Leben und gebe mein Zepter nicht aus der Hand.

Es ist okay, Angst zu haben. Aber sie bestimmt mein Leben nicht.

Ich bleibe mir selbst treu.

Mein Mindset bestimmt, wie ich über die Zukunft denke. Für mich besteht sie aus wunderbaren Erfahrungen und Erlebnissen, die mein Leben bereichern.

Ich freue mich über die kleinen Dinge im Leben, weil mit ihnen jede große Tat beginnt.

Stillstand ist langweilig. Ich freue mich auf Veränderungen, weil ich davon lernen und mit ihnen wachsen kann.

Ich höre mir selbst zu, mache Pausen, wenn ich sie brauche und tanke meine Energie rechtzeitig auf.

Danke

Zum Schluss bleibt ein großes Danke! Danke an alle – besonders an meine Familie –, die dieses Buchprojekt, das Erreichen (m)eines Ziels möglich gemacht haben.

Danke an all meine großartigen Klientinnen und Klienten für ihr Vertrauen.

Danke an den Haufe Verlag, besonders an Saskia, Bernhard, Kristina und Juliane für die wunderbare Zusammenarbeit bei diesem Projekt.

Danke an all die einzigartigen Menschen, die ich auf meiner Reise bisher kennenlernen durfte.

Quellenverzeichnis

Dean, B. (o. J.): https://www.authentichappiness.sas.upenn.edu/newsletters/ authentichappinesscoaching/courage, abgerufen am 12.04.2024.

Deutschlandfunk Kultur (15.08.2019): Studie zu Multitasking – Frauen können es auch nicht besser, https://www.deutschlandfunkkultur.de/studie-zu-multitasking-frauen-koennen-es-auch-nicht-besser-100.html, abgerufen am 10.04.2024.

Durkheim, É. (1897): Suicide: A Study in Sociology.

Stratmann, B. (12.04.2017) im Interview mit Christoph Quarch: »Die Digitalisierung entfremdet uns, https://ethik-heute.org/die-digitalisierung-entfremdet-uns/, abgerufen am 19.04.2024.

Fama, E. F., Jensen, M. C. (1983): Separation of ownership and control.

Hartmann, C. (30.12.2022): Das macht Neid mit dir, https://www.quarks.de/gesellschaft/ psychologie/das-macht-neid-mit-dir/, abgerufen am 18.03.2024.

Hoffmann, S. (17.01.2021): STANFORD-STUDIE – Medien-Multitasking macht womöglich vergesslich, https://www.geo.de/wissen/23876-rtkl-stanford-studie-medien-multitasking-macht-womoeglich-vergesslich, abgerufen am 21.03.2024.

Jäncke, L. (2021): Von der Steinzeit ins Internet, Hogrefe Verlag.

JuraForum (05.08.2023): Fehler – Definition und Bedeutung des Begriffs in unterschiedlichen Fachgebieten, https://www.juraforum.de/lexikon/fehler, abgerufen am 02.04.2024.

Keßler, F. (24.06.2019): Frauen zaudern, Männer bewerben sich einfach mal, https://www. spiegel.de/karriere/fachkraeftemangel-frauen-zoegern-bei-bewerbungen-trotz-guter-qualifikation-a-1273471.html, abgerufen am 18.03.2024.

Kotter, J. P. (1996): Leading Change. Vahlen Business Essentials.

Larmagnac-Matheron, O. (08.02.2022): Acht Perspektiven auf Mut, https://www.philomag. de/artikel/acht-perspektiven-auf-mut, abgerufen am 02.04.2024.

Lies, J. (o. J.): Soft Skills, https://wirtschaftslexikon.gabler.de/definition/soft-skills-53994, abgerufen am 29.04.2024.

Löhle, E. (2018): Süchtig nach Likes: Macht Social-Media-Fame abhängig?, https://www. refinery29.com/de-de/social-media-sucht-studie, abgerufen am 02.04.2024.

McCrae, R. R., Costa, P. T. (1991): The NEO personality inventory: Using the five-factor model in counselling, https://psycnet.apa.org/record/1991-20228-001, abgerufen am 02.04.2024.

Meindl, M. et al. (2007): Leistungsmotivation in Zusammenhang mit Selbstständigkeit, Geschlecht und elterlichem Einfluss, https://epub.uni-regensburg.de/3368/1/lukesch9. pdf, abgerufen am 02.04.2024.

Neutsch, J. (26.11.2020): Angst vor Erfolg: Ursachen und was Sie dagegen tun können, https://praxistipps.focus.de/angst-vor-erfolg-ursachen-und-was-sie-dagegen-tun-koennen_126849, abgerufen am 02.04.2024.

Primack, B. A. et al. (06.03.2017): Social Media Use and Perceived Social Isolation Among Young Adults in the U.S. – American Journal of Preventive Medicine, https://www.ajpmonline.org/article/S0749-3797(17)30016-8/abstract, abgerufen am 13.03.2024.

Seligman, M., Csíkszentmihályi, M. (2000): Positive Psychology: An Introduction. The American psychologist. 55. 5–14. 10.1037/0003-066X.55.1.5.

Steffen, M. (16.03.2023): Warum digitale Beziehungen rasch an Grenzen stossen, https://www.uniaktuell.unibe.ch/2023/warum_digitale_beziehungen_rasch_an_grenzen_stossen/index_ger.html, abgerufen am 13.03.2024.

Steuer, G. (01.01.2014): Definition, Abgrenzung und Klassifikation von Fehlern, https://link.springer.com/chapter/10.1007/978-3-658-05293-5_3, abgerufen am 03.04.2024.

Trausch, M. (21.03.2024): Mit der 60-Sekunden-Regel ist deine Wohnung immer ordentlich, https://www.bunte.de/family/leben/haushaltstipps/geht-schnell-mit-der-60-sekunden-regel-ist-deine-wohnung-immer-ordentlich.html, abgerufen am 08.04.2024.

Stichwortverzeichnis

Die Autorin

Monika Sattler ist Geschäftsführerin der Sattler Consulting GmbH, Erfolgs-Mindset Coachin, zweifache Radrekordhalterin, Autorin und internationale Rednerin. Sie unterstützt Führungskräfte und Teams, ein Erfolgs-Mindset für die Steigerung der Produktivität, Zufriedenheit, und Motivation zu entwickeln, um auch scheinbar unmögliche Ziele zu erreichen. Dafür nutzt sie seit Jahren erfolgreich das von ihr entwickelte 6P Erfolgs-Mindset Modell.

Darüber hinaus hat sie mehr als zehn Jahre Coachingerfahrung und über 200 Keynotes und Workshops gehalten. Die 80-minütige Dokumentation »Freigefahren« (QR-Code) berichtet über die 124-Schweizer-Pässe-Challenge.

Geboren und aufgewachsen in Deutschland hat Monika Sattler in fünf Ländern gelebt, Internationale Sicherheit mit Schwerpunkt auf nukleare Waffen studiert, für die Weltbank und den Internationalen Währungsfonds gearbeitet, eine Zeit im professionellen Radsport verbracht und war Unternehmensberaterin.

Mehr über die Autorin auf www.monikasattler.com.

Wer als Führungskraft die Thematik für das Unternehmen oder Team aktiv angehen möchte, erfährt über den QR-Code mehr über das Corporate-Programm der Autorin.

Wer als Privatperson aktiv mit Monika Sattler an der eigenen Erfolgs-Reise arbeiten möchte, kann dies über ihr Erfolgs-Mindset Programm tun (QR-Code).

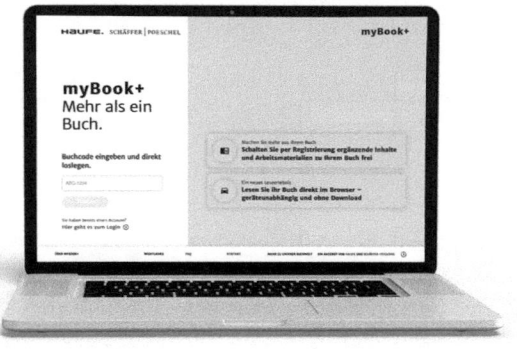

Ihre Online-Inhalte zum Buch: Exklusiv für Buchkäuferinnen und Buchkäufer!

▶ **https://mybookplus.de**

▶ Buchcode: **UXX-37323**